그라시아스

산티아고

Gracias Santiago

그라시아스 산티아고

초판 1쇄 인쇄 2014년 12월 30일
초판 1쇄 발행 2015년 01월 06일

지은이 박 명 희
펴낸이 손 형 국
펴낸곳 (주)북랩
편집인 선일영 편집 이소현, 김진주, 이탄석, 김아름
디자인 이현수, 신혜림, 김루리 제작 박기성, 황동현, 구성우
마케팅 김회란, 이희정
출판등록 2004. 12. 1(제2012-000051호)
주소 서울시 금천구 가산디지털 1로 168, 우림라이온스밸리 B동 B113, 114호
홈페이지 www.book.co.kr
전화번호 (02)2026-5777 팩스 (02)2026-5747

ISBN 979-11-5585-442-6 03980(종이책) 979-11-5585-443-3 05980(전자책)

이 도서의 국립중앙도서관 출판예정도서목록(CIP)은 서지정보유통지원시스템 홈페이지(http://seoji.nl.go.kr)와
국가자료공동목록시스템(http://www.nl.go.kr/kolisnet)에서 이용하실 수 있습니다.
(CIP제어번호 : CIP2014038362)

"피할수록 흔들리는 시간은 깁니다.
망설이지 말고 지금 바로 떠나세요.
당신은 당신의 진정한 운명을 만날 자격이 있습니다!"

그라시아스 산티아고

Gracias Santiago

박명희 지음

북랩 book Lab

추천의 글 1

혼자만의 여행에 매우 익숙했거나 신체 건강한 청년의 여행이었다면 쉽게 마음이 움직이지 않았을 것이다. 순례 첫날 아침도 제대로 먹지 못할 만큼 긴장했던 초보 순례자의 여행기이기에 나 같은 여행 애송이에게는 공감이 더 빨리 되었던 것 같다. 처음에는 숙소를 찾거나 새로운 순례길을 찾는 것 등 낯선 일이 생길 때마다 함께 조마조마했지만, 순례 기간 동안 함께 여행객으로 성장해 가며 주변 경관을 즐기고 생각을 공유하며, 여유 있게 간접적인 여행을 즐기고 있는 나 자신을 발견할 수 있었다. 마치 여행을 즐기며 내일을 기다리는 사람처럼 뒤로 갈수록 더욱 읽는 속도를 빨리 하며 다음 이야기를 기대하게 되었다.

그리고 다른 순례기처럼 단순한 정보 전달 위주가 아닌, 저자의 시선을 자연스레 따라가는 순례기였기에 또 다른 감동이 있었던 것 같다. 굳이 그림을 그려보지 않아도 저절로 눈앞에 풍경이 떠오를 수 있도록 도와주는 저자의 능력이 글을 읽는 내내 돋보였다. 요즘은 가끔 사람이 제일 무섭다는 생각을 할 때가 있는데, 우연히 만난 따뜻한 사람들의 이야기를 들으며 나도 한번 그런 따뜻함을 직접 느껴보고 싶다는 생각을 하게 되었다. 여행 중 주고받은 정으로 짧은 시간만이라도 사람에 대한 믿음을 가질 수 있을 것 같았다.

어렵고 힘든 상황에서 오히려 더욱 빛나는 재치와, 평범한 상황에서 불쑥 나타나는 남다른 깨달음들을 들으며, 이 경험이 개인의 생각만으로 남지 않고 출판되어 공유될 기회를 가진 것이 참으로 다행이라 생각했다. 몸이든 마음이든 상처를 입은 사람들은 비슷한 경험을 가진 사람들로부터 더욱 와 닿는 위로를 받을 수 있다. 그래서일까, 저자의 이야기가 따뜻한 위로처럼 전해져 왔다.

부담 없이 산티아고를 향한 순례에 관한 경험을 엿보고 싶거나, 그리고 그곳에서 얻을 수 있는 개인의 성장과 따뜻한 만남 등의 장점들을 미리 느끼고 싶다면 이 책을 추천하고 싶다. 따뜻한 목소리로 편안하게 들려주지만 혼자만의 낯선 여행을 두려워하는 이들에게 진정한 용기를 줄 수 있을 것 같다.

이고운 _전(前) 홍익고 영어교사

추천의 글 2

내게 '산티아고 순례길'은 성스러움이다. 종교적 의미를 떠나 자신의 근원을 찾아가는 내면여행으로 읽힌다.

누구나 꿈꾸지만 실천으로 옮기지 못하는 이유는 낯선 언어와 낯선 지역에 대한 두려움 때문일 것이다. TV 화면으로 접한 산티아고 순례길은 충분히 매력적이었다. 그러나 용기 부족으로 늘 계획으로만 간직했다. 순례를 마치고 돌아온 저자와 이야기를 나눌 때까지도 산티아고는 여전히 추상적인 느낌이었다.

이 책을 읽고 비로소 용기를 얻었다. 나도 충분히 해낼 수 있다는 자신감이 생겼다. 낯선 지역에 대한 두려움과 혼자라는 불안감, 그 외에 언어, 치안, 침묵, 외로움 등 염려하는 것들에 대한 해결책이 고스란히 담겨져 있기 때문이다. 매우 구체적이고 실용적으로 서술되었기에 산티아고 가는 길의 가이드로서 충분하다. 또한 소소한 팁도 유용하리라 믿는다. 상황에 따라 배낭을 메지 않아도 되는 방법, 발가락에 물집이 생기지 않게 신발 신는 법, 내리막길을 오래 걸을 때 관절과 발가락의 무리를 피할 수 있는 걷기의 방법 등 저자만의 노하우

들 말이다.

이 책은 묵묵히 걷는 동안 만나는 풍경과 우리의 삶을 자연스럽게 연결시켜 독자에게 사유의 공간을 제공하기도 한다. 저자가 느꼈을 지독한 고독과 외로움과 황홀이 마치 함께 길을 걷는 것처럼 생생하게 전해져 순간 뭉클해지기도 한다. 특히 문학 전공자의 시선으로 바라보는 보편적 인간의 삶의 모습에 따뜻하게 공감하게 될 것이다.

이 책을 다 읽고 나면 순례의 주인공처럼 뿌듯해 할지도 모른다. 더러는 나처럼 넘치는 용기에 당장 대장정의 일정을 짜야 할지도.

이미산 _시인

프롤로그

우연히 보게 된 다큐멘터리의 한 장면이, 삶의 방향을 잃고 헤매던 중년의 우물 안 개구리를 세상 밖으로 불렀다.

다큐멘터리는, 한 남자가 큰 배낭을 메고 막대기를 짚으며 걸어가고 있는 영상을 담고 있었다. 하염없이 걷기만 하는 그의 모습은 덥수룩한 수염과 남루한 옷차림을 한 이국의 남자였다. 내 눈에는 그의 모습이 마치 현실 밖의 사람 같았다. 카메라 앵글은 푸른 하늘과 드넓은 밀밭을 가로질러 하늘과 맞닿아 있는, 길의 끝을 향해 걸어가는 남자를 오버랩 시키며 끝이 났다.

프로그램의 마지막 장면이라 내용을 잘 듣지 못했고 그곳이 어디인지 짐작할 수도 없었다. 단지 길을 걷고 있었던 그 한 장면이 가슴에 뜨겁게 각인이 되어 버렸다. 그 길이 스페인 '산티아고 가는 길'이라는 것은 나중에 알게 되었다.

그날 이후로 산티아고 가는 길은 내가 가고 싶은 길이고 이루고 싶은 꿈이 되었다. 왜 그런 생각이 들었는지는 설명하기가 어렵다. 그냥 그곳이어야만 했다. 그러면 언젠가부터 거꾸로 흐르고 있는 시간을 멈출 수 있을 것만 같았다. 그러나 주부가 장시간 집을 비우고 혼자서 여행을 떠나는 일은 쉽지 않았다. 내 손이 없으면 안 되는 어린 자식이 있는 것도 아닌데 스스로가 집 떠나는 일을 가정을 버리는 일처럼 생각했다. 그렇게 결심했다가 주저앉기를 반복하던 어느 날이었다. 사소한 부부싸움 끝에 나온 남편의 한마디가 결심을 굳히게 하였다.

"당신이 365일 밥을 해 줬어?"

마음과 달리, 상대방의 기분을 헤아리며 말을 하는 능력이 부족한 남편의 한마디는, 바람 앞에 촛불처럼 불안한 내 삶에 때맞춰 불어온 찬바람이었다. 내가 해 주는 밥에 행복의 절반쯤은 달려있는 남편의 말이 서운해서가 아니다. 30년이 되어가는 지금까지 내가 소중하게 여기며 지키고자 하는 것이 무엇인지 생각하게 된 것이다.

산티아고로 가는 길은 여러 경로가 있다. 그 중에서도 우리나라 사람들에게는 프랑스 길, 북쪽 길, 은의 길, 포르투갈 길 등이 많이 알려져 있다. 이 길들은 모두 예수님의 12사도 중 가장 먼저 순교한 야고보 성인의 유해가 묻힌 산티아고 데 콤포스텔라로 향해 있는 길이다. 산티아고 데 콤포스텔라는 중세시대 예루살렘, 로마와 함께 그리스도 3대 순례지 중 하나였다. 또한, 800년간 이슬람교도의 지배를 받았던 스페인이 레콩키스타를 통해 스페인을 재탈환하게 되는 정신적으로 매우 중요한 역할을 한 곳이기도 하다. 그중에서 내가 선택한 길은 프랑스 길이다.

프랑스 길은 처음 유럽인들이 피레네를 넘어 해안에 있는 북쪽 길을 따라 걷다가 이후에 생긴 남쪽 길이다. 이 길은 1987년 유럽회의에서 처음으로 선포한 문화여행길이며, 역사적으로 중요한 3,000여 개의 건물을 포함, 고대 및 중세시대의 집과 도시 그리고 골목들을 고스란히 간직하고 있는 가치를 따지기 힘든 곳이다. 또한 이 길은 유럽 간 국가와 계층을 초월한 문화교류를 촉진하는 데 큰 역할을 했으며 이 길이 생기고 난 이후에 더 많은 순례자들이 산티아고를 찾게 되었다.

야고보 성인은 이베리아 포교 후 예수살렘에서 순교를 당했다. 그의 유언대로 시신을 이베리아로 옮겨오다가 풍랑을 만났고 이후에 그의 자취는 찾을 수 없었다. 스페인이 이슬람을 상대로 재정복전쟁을 벌이고 있던 9세기 초, 주교 테오도미루스가 밝은 별에 이끌려서 야고보의 묘를 발견하고 알폰소 2세가 그 위에 교회 건설을 명령하였다. 그 후, 여러 차례 증축을 통하여 장엄하고 아름다운 로마네스크 양식의 산티아고 데 콤포스텔라 성당이 완성되었다. 산티아고는 스페인어로 야고보를 뜻하지만, 산티아고 데 콤포스텔라의 지명으로 불리기도 한다. 콤포스텔라는 일반적으로 라틴어 '별' 또는 '묘장'에서 유래했다고 한다.

요즘 들어서 산티아고로 향하는 사람들은 이런 종교적인 이유를 배제하고 문화적 이유 혹은 치유의 방법 등으로 가는 경우도 많다. 여러 가지 유래가 있는 산티아고 데 콤포스텔라의 진실 여부보다 진실하다고 믿는 그들의 마음이 더 중요하다. 이 길을 희망하는 사람들은 이 길이 인생의 전환점이 되기를 바란다. 그것이 바로 스스로 순례자가 되기를 강하게 원하는 이유다.

차례

Chapter 2 카미노의 힘

Chapter 3 마침내 별이 빛나는 곳

Chapter 1 ·········· 시작은 서툴다

중세의 도시
생장ST. Jean Pide De Port을 만나다

'카미노 데 산티아고Camino de Santiago(산티아고 순례자의 길)'를 준비하면서 산티아고만큼이나 많이 들었던 말이 '생장'이다. 생장은 내가 걷고자 하는 프랑스 길 즉, 카미노(통상적으로 산티아고로 가는 프랑스 길을 이름)의 시작 지점으로 그 유서가 깊다.

오전 7시 28분 파리 몽파르나스역에서 출발하여 12시 32분에 환승역인 바욘Bayonne역에 도착했다. 바욘역에서 생장으로 출발하는 기차가 오후 2시 55분에 있어서 역 바로 앞 바bar에서 간단히 점심을 먹었다. 두 칸짜리 기차로 환승하여 생장에 도착한 시간이 4시 14분이었다.

바욘역

기차 안에는 대부분 순례자들이었다. 그들 대부분은 순례자 사무실에 들러 순례자 등록을 하고 크레덴시알credencial(순례자 여권)을 받는다. 크레덴시알은 걸으면서 지나는 곳 알베르게albergue(순례자 숙소), 성당, 관광안내소, 바 등에서 고무도장 쎄요sello를 받을 수 있는 증명서다. 크레덴시알은 순례자임을 증명하고 알베르게에 머물 자격과 산티아고에 도착하여 순례자 증명서를 받을 때도 필요하다.

이곳으로 오기 전 첫 번째 고민이었던, 순례자 사무실을 어떻게 찾을까 하는 염려는 어이없게 끝나버렸다. 같은 기차를 타고 내린 순례자들은 무당벌레처럼 배낭을 짊어지고 무리지어 순례자 사무실로 향했다. 나 역시 그 대열에 합류했다. 경사진 오르막을 올라 순례자 사무실 앞에 도착했다. 앞서 도착한 사람들이 크레덴시알을 받고 숙소를 소개받는 동안 올라온 길을 뒤돌아보았다.

오후의 태양은 신록에 안겨있는 조용한 마을 위를 비추고 있었다.

적갈색 지붕을 이고 있는 하얀 집들이 엽서처럼 가지런했다. 여러 가지 생각으로 복잡한 마음에 한적하고 아름다운 마을이 주는 풍경은 그 자체로 위로가 되었다.

서울에서 같은 비행기로 출발해서 생장까지 함께 온 한국인이 6명이었다. 길 위에서 50여 일을 보낸다는 부담감이 컸던 터라 그들과 함께 비행기를 타고, 기차를 탄다는 것만으로도 큰 힘이 되었다. 그 중에서 나와 같은 연령대인 M과 D를 제외하고는 함께 출발했던 다른 사람들은 카미노가 끝날 때까지 한 번도 만나지 못했다.

차례가 되어 순례자 여권과 순례자를 상징하는 조가비도 받았다. 늦게 도착해서인지 사무실 가까운 곳에는 남은 알베르게가 없었다. 호스피탈레로Hospitalero(봉사자)는 여러 곳에 연락을 하더니 중심지에서 조금 멀리 떨어진 알베르게를 추천해 주었다. 어쩌다 보니 M, D와 함께 한 알베르게에 머물게 되었다. 생각했던 것보다 침대와 시트가 깨끗했다. 이 정도만 되어도 숙소는 문제가 없을 듯싶었다. 침대는 2층 중 위 칸이었다. 침대 오른쪽 벽에는 네모난 작은 창이 있었다. 두려움과 설레는 마음으로 밤새 뒤척이던 내 눈에, 시시각각 변하는 피레네의 모습을 그림처럼 보여 준 창이었다. 침대에 배낭을 올려놓고 내일 첫 장정을 위한 간식을 준비하려고 M, D와 함께 숙소를 나왔다. 숙소는 마을에서 꽤나 떨어진 곳이었다.

생장은 소담스럽게 흐르는 니브 강Río Nive을 끼고 있었다. 고대와 중세 건축물이 공존하며 예쁜 화분으로 치장한 카페들이 줄지어 있었다. 이곳은 최근까지 스페인으로부터 분리 독립 요구를 끊임없

생장

이 하고 있는 바스크지역 고대 나바레 왕국의 수도였다. 마을은 시간을 거슬러 현재에 존재하는 것만으로도 특별한 가치를 지니고 있었다.

물과 약간의 과일을 샀다. 시간여행을 하듯 골목을 돌아 중앙 광장을 마주하고 있는 카페로 들어갔다. 메뉴판을 받았으나 불어를 몰라서 곧 포기하고 눈치껏 옆 테이블과 같은 걸로 주문했다. 영어를 잘 모르는 직원과의 대화는 원활하지 못했다. 우리는 단지 옆 사람이 지금 먹고 있는 단품 음식을 주문했는데 직원은 그 사람들이 먹고 있었던 코스 요리 전체를 갖다 주었다. 주문이 서로 엇갈리긴 했지만 음식은 만족스러웠다. 와인도 함께 나왔다. 순례를 앞둔 우리는 대장정을 위해 건배했다.

화창하던 날씨가 갑자기 변덕을 부리며 비를 흩뿌리기 시작했다. 순례의 고난을 암시하기라도 하는 것일까. 비는 짙은 구름을 거느리고 바람 따라 슬픈 몸짓으로 너울거렸다.

생장 순례자 사무실 골목

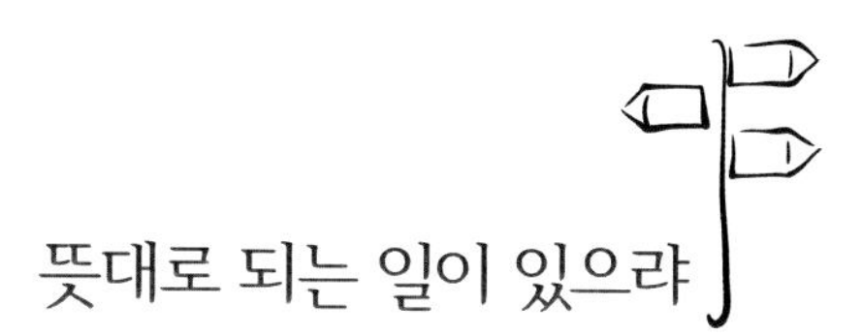

뜻대로 되는 일이 있으랴

사람들 중에 더러는 배낭을 다음 목적지 알베르게까지 택시로 실어보내기도 한다는 것을 알고 있었다. 특히나 첫 순례의 시작인 피레네에서는 노약자인 경우 권하는 사항이기도 하다. 수술 후 아직 회복기에 있는 나 역시도 떠나기 전부터 가능하면 피레네를 넘을 때만큼은 배낭을 실어 보낼 것이라 생각했었다. 어제 저녁을 함께 한 M과 D도, 첫날 무리하면 산티아고 가는 길 내내 고생한다는 결론에 배낭을 붙이는 데 찬성했다. 그러나 막상 아침이 되자 누가 먼저랄 것도 없이 각자의 배낭을 짊어지고 갈 채비를 했다. 어제 저녁과 다르게 아침에는 서로 말을 아끼는 가운데 긴장감이 흘렀다. 전쟁에 참여하기 전 비장한 군인의 모습 같다고나 할까.

알베르게에서 아침으로 우유와 커피, 시리얼, 빵이 나왔다. 나는 긴

장한 탓인지 음식이 잘 넘어가지 않았다. 식사가 끝나자 사람들이 하나둘 떠나기 시작했다. 친구와 함께 온 사람들은 친구와, 가족과 함께 온 사람들은 가족과 함께 떠났다. 가족과 함께 떠나는 사람들이 부러웠다. 겁날 것이 없어 보였다. 혼자이기를 원해서 떠나온 길이건만 출발도 하기 전에 누군가를 필요로 하는 나약한 내 모습을 외면했다.

집에서는 배낭 무게를 100g이라도 줄이려고 애썼다. 물건을 사더라도 중량 중심으로 구입했다. 저울을 옆에 두고 배낭을 수십 번 쌌다 풀었다 했었다. 겨우 맞추어 온 8㎏의 무게였다. 그런데 음식과 물을 챙겨 넣으니 족히 12~13㎏은 되는 것 같았다. 배낭 용량이 38ℓ이다 보니 수납할 공간도 넉넉하지 않았다. 배낭이 크면 짐에 대한 욕심을 낼 것 같아서 작은 것으로 준비하는 통에 침낭은 처음부터 배낭 바깥에 묶었다. 알베르게 내에서 신은 샌들과 세면도구를 챙겨 넣는 것조차 쉽지 않았다. 자꾸만 바빠지는 마음을 진정시키면서 배낭을 정리했다. 배낭을 짊어져보니 내가 감당할 수 있는 무게를 초과했다. 그래도 삶의 무게보다 가벼울 테니까 하고 생각했다. 입 안은 건조하다 못해 쩍쩍 달라붙었다. 몸은 그렇게 마음의 두려움을 표현하고 있었다.

나는 다른 사람들이 거의 다 출발하고 난 뒤에, 배낭을 고쳐 메고 등산화 끈을 한 번 더 조인 다음, 혼자서 떠나는 800㎞의 첫발을 내디뎠다. 『산티아고 가이드 북』을 쓴 존 브리얼리의 말처럼 피레네를 넘는 오늘은 몸과 영혼의 근육을 강도 높게 사용해야 하는 바로 그

피레네를 향해 걸어가는 순례자들

날이었다.

이곳에 오기 전 몇 번에 걸쳐 카미노와 비슷한 상황에서 예행연습으로 걸어 보았다. 그럴 때마다 필요한 것을 새롭게 알게 되었고, 내 걸음의 속도가 다른 사람들보다 느린 것도 알았다. 지금 생각해도 좋은 방법이었다.

오늘의 목적지는 론세스바예스Roncesvalles까지다. 거리는 약 25㎞이고 최고 고도는 1450m이다. 최고 고도 지점이 생장을 기준으로 약 22㎞ 지점에 있고, 거기서 론세스바예스까지는 3㎞만 더 가면 된다. 론세스바예스를 앞둔 3㎞ 지점은 매우 가파른 내리막길이다.

M과 D는 먼저 출발해서 저만치 앞서 걸어가고 있었다. D는 본인의 말처럼 걸음이 빠른 편이었다. 이곳에 오기 전부터 등산을 많이 다닌 사람답게 군살 하나 없이 날렵한 몸이었다. 반대로 M은 평소에

걷기를 거의 하지 않았다고 했다. 공공연히 D를 의지하고 싶다는 M이었는데 D와 M의 걸음은 누가 봐도 걸음의 속도가 달랐다. 이 길이 한 시간이나 혹은 하루만 걷는 길이면 서로를 배려하며 맞추며 걸어갈 수 있겠지만, 한 달 이상 걸으며 스페인 동서를 가로지르는 길을 한 사람의 희생만으로 유지되기는 힘들 것이다. 그러나 그건 내 마음속의 생각일 뿐이었다.

나는 그들과 떨어져 출발했다. 여유를 가져야지 하는 마음은 생각뿐이고 오늘 걷게 될 길에 대한 두려움으로 걸음은 자꾸 빨라졌다. 몇 년을 꿈꾸었고, 몇 달을 준비했던 길을 만감이 교차하는 마음으로 걷기 시작했다. 두려움과 호기심, 그리고 배낭의 무게로 다리가 후들거렸다.

30분쯤 걸었을까. 먼저 떠난 M이 내 앞에 걷고 있었다. D는 보이지 않았다. M의 얼굴은 지치고 초조한 빛이 역력했다. 세상 짊을 다 짊어진 듯 미간에 깊은 주름이 나 있었다. "나 어떡해?"라고 묻는 M의 얼굴은 그 사이 몇 년은 늙어 보였다. 예상은 한 일이었지만 설마 피레네를 넘기도 전에 이런 일이 생길 줄은 몰랐다. 그녀는 혼자 남았다는 두려움으로 몸서리를 쳤다. 어쩌면 그녀의 마음이 처음부터 숨기고 있는 내 마음이었을 것이다. 그녀와 내가 다른 점이 있다면 그녀는 얼굴에 마음을 드러내고 나는 그렇지 않다는 차이뿐이었다. 불안감으로 깊은 수심에 잠긴 M을 달랬다.

"다른 사람들이 했다면 우리도 할 수 있을 거예요."

내 말은 듣는 둥 마는 둥 여전히 허둥대는 그녀에게 다시 말했다.

"우리 함께 가요!"

그 말에도 마음이 놓이지 않는지 M은 확인하듯 말했다.

"그럼 우리 끝까지 함께 해요!"

나는 대답하지 않았다. 슬프게도 이 나이쯤 되니 살면서 장담할 일은 아무것도 없었다. 내 반응을 아는지 모르는지 M은 여러 번 다짐하듯 확인하고는 그때서야 한 걸음 앞으로 나아가기 시작했다. 그 사이 자신보다 커 보이는 배낭을 메고 어기적거리며 걸어오던 20살 소라까지 합류하게 되었다.

산티아고 가는 길이 계획대로 되기만 했다면 누가 인생길과 같다고 했겠는가.

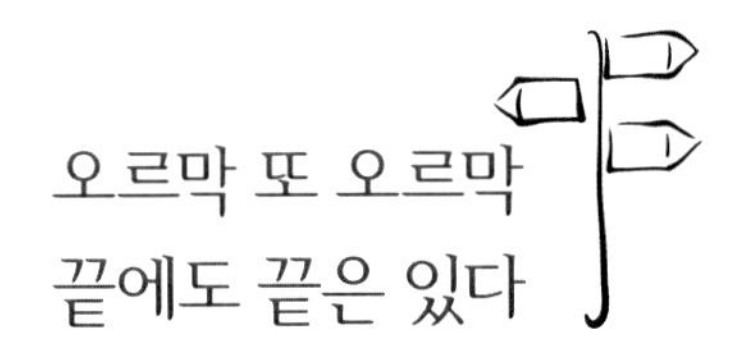

오르막 또 오르막 끝에도 끝은 있다

아스팔트를 따라 계속 올라가다가 알베르게와 바를 겸하고 있는 오리송Orisson에 도착했다. 그곳 야외 테라스는 피레네의 아름다운 능선을 정원으로 두었다. 커피를 시켜들고 테라스에 자리를 잡고 앉았다. 커피를 들이키며 눈을 감고 불지도 않는 바람을 더듬었다. 마치 세상과 마지막 작별이라도 하는 것처럼 마음과 다른 여유를 부렸다.

커피를 마시고 본격적으로 길을 나섰다. 길은 예상보다 훨씬 가팔랐다. 일반적으로 오르막이 있으면 내리막이 있어야 하는데 계속 오르막만 있었다. 매번 저 길만 오르면 내리막일 것이라는 희망은 번번이 좌절되었다. 그러기를 몇 번, 아직 제대로 걷기 시작한 것도 아닌데 오르막을 보기만 해도 겁이 나고 토가 나올 것 같았다. 이 길을

카페 겸 알베르게 오리송

끝까지 걸을 수 있을까 하는 생각이 수없이 밀려들었다. 그러던 중에 카미노 사진에서 종종 보던 소박한 성모상이 눈에 들어왔다. 가는 길 왼쪽으로 100여 m 떨어진 곳에 있었다.

그걸 보는 순간 정말 내가 카미노에 오기는 왔구나 싶어 감개무량했다. 그 주변은 평지처럼 낮은 능선으로 되어 있어서 여러 사람들이 휴식을 하며 간식을 먹고 있었다. 아마도 이런 지형적인 위치 때문에 이곳 성모상이 자주 사진으로 올라오게 되었나 보다. M과 소라는 계속 걸어가고 나는 성모상 앞으로 걸어갔다. 기도를 하고 눈을 떴더니 예닐곱 살쯤 되어 보이는 여자아이가 반쯤 벗겨진 궁둥이를 내보이며 성모상을 붙들고 놀고 있었다. 아이에게는 성모상이 스스럼없이 다가가서 함께 노는 대상인 반면에 어른이자 가톨릭 신자인 나에게는 어디에 있던 기도를 바치는 대상이었다. 세상의 모든 기준은 내 기준에 의해 정해지는 것이다.

피레네를 무사히 넘기 위해서는 실시간 날씨에 귀 기울여야 한다. 날씨가 좋을 때만 입산이 가능한 멀고 험난한 길이다. 다행히 며칠 전까지만 해도 눈 때문에 입산이 금지되었던 나폴레옹 루트가 개방되었고 날씨는 맑고 쾌청했다. 간혹 모험심이 넘치는 사람들이 입산 금지 충고를 무시하고 길을 나섰다가 조난을 당하기도 한다. 대부분의 사람들은 피레네를 넘는 일이 순례자라면 반드시 걸어서 넘어야 되는 길이라고 생각하는 것 같았다. 그것은 오랜 전통에 익숙해진 사람들의 인식 때문일 것이다.

전통이 있는 길이라고 해서 편의 시설을 갖춘 길은 아니다. 어떤 인위적인 편의 시설도 존재하지 않는다. 조난자를 위한 최소한의 시설인 서너 평짜리 레푸히오refugio(피난처) 하나밖에 없는 곳이다. 무식하면 용감하다고 했던가. 단지 25㎞ 거리의 능선이라고 판단했던 어리석음이 그 길로 떠나게 했던 것이다.

시간이 지날수록 배낭의 무게가 오른쪽 어깨를 짓눌렀다. 배낭끈이 어깨뼈 안으로 파고드는 것 같은 고통이 왔다. 여러 번 배낭을 풀어서 조절했지만 나아지지 않았다. 떠나기 전에 가장 많이 신경 쓴 물품 중 하나가 배낭이었다. 며칠이 지난 다음에야 끈 조절 플라스틱이 어깨끈 안으로 들어갔고 배낭 무게 때문에 그것이 뼈 안으로 파고드는 고통을 안겼다는 사실을 알게 되었다. 조금만 신경 썼더라면 충분히 알 수 있었을 텐데 그것조차 알아차리지 못할 만큼 침착하지 못했던 것이다. 한 번 상한 오른쪽 어깨는 카미노 내내 나를 괴롭힌 일등 공신이었다.

피레네에서 가장 어려운 것은 끝없이 계속되는 오르막도, 무릎까지 잠기는 낙엽을 걷는 것도, 타는 갈증도, 이끼 가득한 숲이 주는 정막감도 아닌 바로 나 자신이었다. 상황을 즐기지 못하는 나 자신이었다. 아름다운 것은 아름다움을 볼 수 있는 마음의 여유가 있을 때 볼 수 있는 것이다. 아프고 난 뒤 여러 번의 계절이 바뀌는 동안 그 계절이 보이지 않았던 것처럼 피레네의 아름다움이 보이지 않았다. 얼마나 걸었고 몇 번을 쉬었는지, 좌절과 희망의 시소를 타며 걷기만 했다. 저 아래 세상에서 앞만 보고 나아가듯이 이곳에서도 앞만 보며 나아갔다. 해가 떨어지기 전에 이곳에 남겨지지 않기 위한 처절함 이었다. 비록 옆에서 함께 걷고 있지는 않지만 앞에서, 뒤에서 M과 소라가 함께 있다는 것이 큰 위안이 되었다.

피레네 초입에 있는 성모상

너도밤나무 숲

새순의 기운이 가득한 피레네 숲

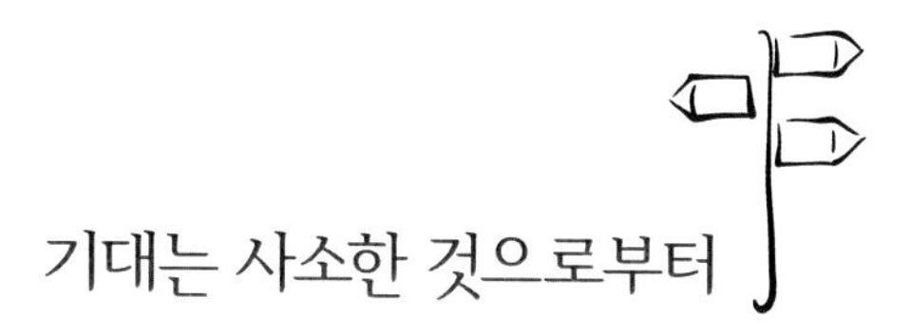

기대는 사소한 것으로부터

10시간여 만에 론세스바예스에 도착했다. 마음과 힘을 다한 하루였다. 근래 들어 한 일 중에서 스스로에게 만족한 일이 무엇이었는지 기억에 없었는데 이날만큼은 나 자신이 대견했다. 누구를 위해서가 아니고 내가 원해서 해낸 일이었다. 어쩌면 택시로 배낭을 보내고 걸었더라면 이런 감정을 느끼지 못했을 수도 있겠다 싶었다. 배낭의 무게이든, 인생의 십자가이든 내 몫을 지고 피레네를 넘었으니 앞으로 어떠한 힘든 여정이 기다린다 해도 해쳐 나갈 수 있을 것만 같았다.

먼저 알베르게를 찾았다. 눈앞에 있는 아름다운 경치도 보이지 않았으니 안내판을 못 본 것이 어쩌면 당연했다. 알베르게가 있을만한 곳을 감으로 찍어서 걸어갔다. 마을 초입에 있는 카페 라 포사Ra Posa를 끼고 오른쪽으로 들어가니 성당이 도로 옆 깊숙이 몸을 숙이고 있었다. 낮은 성당 지붕을 바라보면서 오른쪽 골목을 따라 깊숙이 들어갔다. 순례자로 보이는 사람들이 공터에 빨래를 널어놓고 햇볕을 쬐고 있었다. 알베르게였다.

카페 라 포사

봉사자는 남은 침대가 있다면서 우리를 안내했다. 밖에서는 알베르게 외부를 볼 마음의 여유가 없어서 몰랐는데 내부 시설은 넓고 현대적이며 깨끗했다. 무사히 도착했다는 안도감과 좋은 곳에 머물게 되어 기뻤다. 몇 시간 후 이 행운이 날아갈 줄은 꿈에도 모르고 말이다. 하루 종일 나를 괴롭히던 배낭을 풀어놓고 샤워부터 했다. 쾌적한 숙소 때문에 다가올 길에 대한 기대로 마음이 부풀었다. 기분 좋게 샤워도 끝냈으니 저녁 먹는 일만 남았다. 호텔에서 순례자 메뉴를 먹을 경우 6시까지 예약하면 된다는 정보를 얻었다. 우리는 오늘의 고생을 위로하는 차원에서 호텔에서 먹기로 하고 저녁예약을 했다.

지친 몸을 침대에 누이고 약간의 휴식을 취한 다음 저녁을 먹으러 호텔에 갔다. 순례자들이 가득했다. 처음으로 순례자 메뉴를 먹는 것이어서 기대가 되었다. 전식과 본식에 이어 마지막으로 후식이 나오는 세트메뉴 형식이었다. 그러고 보면 생장에서 먹었던 코스요리가 순례자 메뉴였을지도 모른다는 생각이 들었다. 정해져 있는 몇 가지의 메뉴 안에서 선택이 가능했다. 나는 전식으로 따뜻한 수프와 본식으로 물고기 요리를, 후식은 푸딩을 시켰다.

수프가 나왔다. 제법 큰 항아리에 국자가 꼽힌 채 나왔다. 내가 생각했던 수프의 모양새는 아니었지만 나는 이 호텔의 수프가 카미노 통틀어 가장 맛있었던 것으로 기억하고 있다. 물론 본식인 물고기 요리도 맛있었다. 나는 갈증도 해소하고 오늘 저녁 푹 자고 싶은 열망으로 시킨 스페인 맥주 맛에도 빠졌다. 스페인 맥주 에스트레야 담Estrella Damm은 별을 의미하는 이름처럼 황금색의 반짝이는 거품을 지닌 맥주였다. 하긴 이 상황에서 음식이든 맥주든 맛있지 않으면 그게 더 이상한 것이긴 하다.

하루가 이렇게 마무리 되었으면 정말 좋았으련만 알베르게로 돌아온 나는 깜짝 놀랐다. 세 사람의 짐이 침대 옆 통로에 내팽개쳐져 있었다. 누가 왜 이런 짓을 했는지 홍분했다. 우리 짐이 맞는지, 없어진 것은 없는지, 이리저리 살펴보고 있는데 봉사자가 왔다. 어떻게 된 일인지 물었다. 그녀는 미안하다고 사과하며 상황을 설명했다. 나는 아무리 그래도 짐을 이렇게 팽개친 것에 대해서는 기분이 매우 언짢은 일이라고 분명히 말해 주었다. 봉사자는 거듭 미안하다고 했지만 쫓겨나는 신세는 면하지 못했다.

사건인즉, 처음 우리가 도착했을 당시 초보 봉사자가 모르고 이미 예약이 된 침대를 우리에게 내준 것이었다. 그걸 몰랐던 우리는 짐을 풀고 샤워까지 했다. 먼저 예약하고 늦게 도착한 순례자들이 와서 보니 우리 짐이 침대 위에 있었던 것이다. 그런데 내가 몰랐던 사실이 있었다. 순례자는 침대를 배정받으면 제일 먼저 침대 위에 침낭을 깔고 그 위에 눕던지 짐을 내리든지 해야 한다. 그것이 카미노 모든 알베르게의 에티켓이었다. 그렇지만 우리 중에 아무도 그런 사실을 몰랐다. 어쩌면 그래서 봉사자도 우리 짐을 그렇게 바닥에 던져 놓았는지도 모른다. 그 이후에는 침낭을 깔지 않고는 침대에 엉덩이도 먼저 걸친 적이 없었다.

쫓겨나고 보니 그때서야 조금 전의 상황이 생각났다. 이곳에 도착했을 때 이상하게도 우리보다 먼저 도착한 순례자들이 침대가 없다고 되돌아 나오고 있었다. 나는 단지 운이 좋다고만 생각했지 불공평한 상황에 대해서 생각하지 않았다. 그러고 보면 불공평하다는 것도 내가 유리할 때보다 불리한 경우에 나오는 반응인 것 같다.

봉사자는 미안하다며 짐을 들어주며 다른 알베르게까지 데려다주었다. 그곳은 유명한 콜레히아타Colegiata 알베르게였다. 중세에는 순례자 병원이었다가 상점과 전시관이 되었고 최근에 다시 알베르게로 바뀐 곳이었다. 콜레히아타 알베르게는 트인 한 공간에 약 100

개 이상의 침대가 있는 곳이다. 처음 들어섰을 때는 전쟁 난민 수용소 같았다. 영화 속에 들어와 있는 것 같은 착각마저 들면서 기분이 묘했다. 나중에 다른 한국인 순례자들이 하는 이야기를 들었더니 그 알베르게에 묵은 것이 고역이었다고 했다. 하지만 나는 달랐다. 그건 산티아고 순례가 주는 신선한 충격이었고 앞으로 더 재미있을 것 같은 무언의 이야기 같았다. 최신식 알베르게도 좋았지만 이곳이 더 좋았다. 카미노에 대한 무한 호기심을 생기게 해 준 곳이었다.

이른 아침 론세스바예스를 떠나며

우리 셋은 의논 끝에, 어제 겪은 알베르게의 수난도 있고 셋 다 걸음도 느리니, 남들보다 이른 6시에 출발하자는 약속을 했다. 순례자에게 6시는 이른 시간이 아니었다. 그러나 출발시간에 대한 개념이 아직 없는 우리에게 6시는 무척 이른 시간이었다. 내일 아침에 바로 출발할 수 있도록 만반의 준비를 했다. 아래위로 달랑 두 벌 가져온 옷 중에 오늘 입은 옷은 배낭에 넣고 남은 옷을 입고 잠자리에 들었다.

6시에 출발하기로 했지만 정작 7시가 다 되어 길을 나섰다. 소라가 어제 쫓겨난 알베르게에 등산화를 두고 나와서 문 열기를 기다려야 했다. 이왕 함께 하기로 한 길인데 혼자 두고 가는 것도 마음 내키지 않았고 나도 급할 것이 없어서 같이 기다렸다. 피레네도 넘었는데 무엇이 두려우랴 싶었다.

나는 아침에 알베르게를 나오면서 더 이상 필요하지 않을 것 같은 파우치를 베게 위에 놓고 나왔다. 10g의 무게도 줄이고픈 마음에서였다. 그런데 뒤돌아서기도 전에 어제 눈인사를 나눴던 옆 침대의 여성이 나를 불러 세웠다. 영어가 아니어서 알아듣지는 못했는데 그것을 두고 간다고 펄쩍 뛰는 것 같았다. 순간 실수했다는 것을 깨달았다. 베게 위에 물건을 놓고 나가면 열이면 열 잃어버리고 가는 물건이라고 생각했을 것이다. 나는 길게 설명하기가 막막해서 정말로 잃어버리고 찾은 것처럼 인사를 했다. 카미노 순례자의 마음을 확인한 것만 같아서 따뜻했다. 그 여성의 놀란 얼굴이 떠오른다. 미안하고 고맙다. 그래도 이왕 두고 가기로 한 물건이었기에 지하 분실물 보관 장소에 던져 놓고 나왔다.

자꾸만 뒤쳐지는 소라를 기다려 함께 걷자니 시간이 지체되었다. 어제 피레네를 넘으면서 무리한 탓으로 소라뿐 아니라 M도 발바닥이 아프다고 했다. 나는 마지막 점검 차 걸었을 때 카미노를 다녀온 사람들의 조언에 따라 중등산화로 바꿔 신었다. 그 덕에 발목이나 발바닥이 아프거나 하는 불편함은 없었다. 소라는 자주 쉬었다. 우리도 덩달아 자주 멈추게 되었다. 시간이 많이 지체되었다. 이렇게 가면 또 오늘 목적지인 알베르게에서 잘 수 없을 가능성이 컸다.

작은 마을을 지나는 길에 카페가 있었다. 아침을 먹으면서 쉬기로 했다. 카페가 거기 있는 것만으로도 고마웠다. 좁아서 안으로 들어가기가 불편한지 사람들이 빵과 커피를 들고 밖에 나와서 먹고 있었다. 아직 스페인의 음식 이름이 익숙하지 않아서 주문이 어려웠다. 눈치껏 샌드위치와 커피를 시켰다. 잠시 후에 샌드위치가 나왔는데 크기와 모양새에 깜짝 놀랐다. 내가 생각하는 샌드위치는, 어른 손바닥만 한 크기에 야채와 햄, 치즈, 토마토 같은 것들이 들어가 있어야 했다. 그런데 거칠게 잘린 팔뚝만한 바게트 가운데 베이컨처럼 생긴 것이 널브러져 있었다. 먹으면서 알게 되었다. 베이컨처럼 생긴 그것이 스페인이 자랑하는 스페셜 푸드 하몬jamón이었다.

나바르 전통마을 부르게테
어네스트 헤밍웨이가 자주 머물렀던 사랑스러운 마을이다.

팔뚝만 한 바게트에 야채 하나 없이 검붉은 얇은 하몬 한쪽을 넣은 샌드위치가 맛있어 보일 리가 없었다. 기도하듯 한참을 들고 있다가 어쩔 수 없이 한 입 베어 물었다. 그런데 이것 봐라, 짭조름한 하몬과 딱딱해서 입천장이 헤질 것 같은 거친 바게트가 제법 조화로웠다. 하긴 식빵의 부드러운 질감 대부분은 첨가물 때문이라는 것을 모르는 바도 아니었다. 어쨌든 거기다 갓 내린 진한 커피에 따뜻한 우유를 넣은 카페 콘 레체café con leche가 있으니 색다른 맛이었다. 카미노 초반에는 이날의 샌드위치와 유사한 음식을 몇 번 더 먹었다.

그러나 다른 메뉴를 알게 되면서 나는 바게트와는 한참 동안 작별했다. 딱딱하고 거친 빵 껍질 때문에 부드러운 먹을거리에 익숙해져 있는 내 입천장이 견뎌내지 못했다.

돼지 뒷다리 염장햄인 하몬은 소금과 바람, 그리고 시간으로 만들어지는 대표적인 슬로우 푸드다. 그러나 이때만 해도 하몬을 깊이 음미할 수 있는 마음의 여유가 없었다.

하몬과의 충격적인 조우를 끝내고 길을 나서려고 하는데 소나기가 쏟아졌다. 만약을 대비해 꺼내기 좋게 넣어둔 비옷을 찾아 입었다. 창이 넓은 기능성 모자를 쓰고 온 것이 적절했다. 빗물이 모자를 타고 어깨로 바로 흘러내려서 얼굴이나 머리에 비를 맞지 않았다. 신발 역시 빗물 한 방울 들어오지 않았다. 비 오는 카미노를 걸으면서 알게 되었다. 기능성 제품이 비싸기만 한 가짜가 아니라는 것을. 매사에 경험하지 않으면 믿으려고 하지 않는 교만한 나를 돌아보게 되었다.

비는 바람을 몰고 점점 세차게 내렸다. 모자와 비옷에 두둑두둑 떨어지는 비를 맞으며 땅을 보고 걷자니 공자의 곤이불학困而不學이 생각났다. 태어나면서 아는 이가 상급이고, 후천적으로 배워서 아는 이가 그 다음이며, 살다가 어려움을 겪고서야 배우려는 이는 그 다음이다. 살다가 어려움을 겪고 나서도 배우려고 하지 않는 꽉 막힌 사람이 가장 아래다. 곤이불학 하는 사람이 바로 나라는 것을 사소한 것을 통해 깨달았다.

스페인 농가 주택

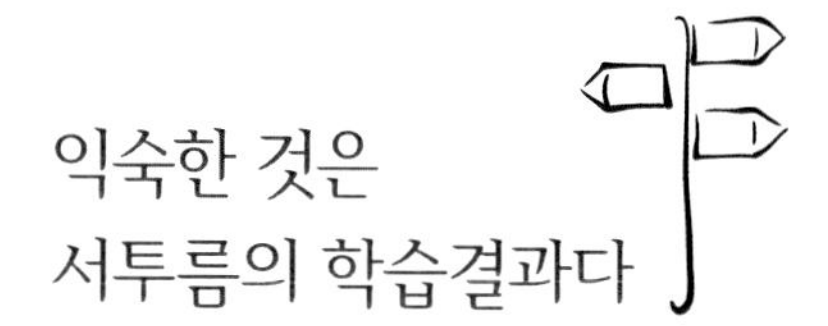

익숙한 것은 서투름의 학습결과다

10시간쯤 걸려서야 수비리Zubiri에 도착했다. 마을 초입에 도착하자 정겨운 강이 우리를 맞이했다. 아르가 강Río Arga이었다. 고풍스런 라비아Puente de la Rabia 다리를 건너니 바로 마을이 나왔다. 언뜻 보아도 깨끗하고 예쁜 마을이었다. 강을 끼고 있는 반듯반듯한 집들과 오래되었지만 잘 관리된 건물이 도로와 나란히 있었다. 이곳이 목적지인 것이 행복했다.

수비리로 들어가는 라비아 다리

오른쪽 어깨가 많이 아팠다. M과 소라도 발바닥과 발목이 아파서 고통스러워했다. 빨리 숙소를 찾아야 했다. 우리가 도착한 시간이 어제와 비슷한 오후 5시쯤이었다. 예상대로 알베르게는 이미 만실이었다. 이곳저곳을 다녀도 침대 세 개가 한꺼번에 남은 곳은 없었다. 한두 개가 남은 곳은 있었다. 나는 두 개가 남아 있는 곳에 M과 소라를 함께 자라고 했다. 그들이라도 먼저 편히 쉬게 하고 싶은 마음 때문이었다. 둘은 강하게 반대했다. 여기까지 고생하며 같이 왔는데 어떻게 따로 자느냐는 것이었다. 안 그래도 만약에 늦게 도착하면 호텔에서 자는 것도 괜찮겠다는 말을 나눈 적은 있었다. 특히 소라가 알베르게가 아닌 호텔에서 쉬고 싶어 했다. 나 역시도 같은 마음이었다. 그러고도 숙소를 찾아 한 시간이상 헤매다 소박한 작은 호텔에 짐을 풀었다.

가장 절실한 것은 배낭 무게를 줄이는 일이었다. 하루 종일 어깨를 괴롭히던 배낭끈을 이리저리 조절해 봐도 어깨뼈의 통증이 계속되었다. 무게를 줄이는 방법밖에는 없었다. 이곳으로 오기 전 파리에서 가이드북, 수첩, 필기도구 따위는 일치감치 정리했었다. 가이드북 내용은 스마트폰으로 다 찍었기 때문에 없어도 무방할 것 같았다. 수첩 대용으로는 스마트폰 메모 기능을 이용할 생각이었다. 가방을 열어 배낭 안에 있는 것을 꺼내 보았다.

침낭과 침낭라이너
여름 바지 2
긴팔 티 2
짧은 팔 2
다운 1
기능성 자켓 1
바람막이 1
속옷과 양말
손가락만 한 손전등과 미니 맥가이버칼
화장품 샘플
세면도구
복용하는 약과 비상약 약간
자동카메라
비옷
샤워용 샌들

그 외에 어른 주먹만 한 작은 드라이기와 몇 장의 복사물이 있었다. 드라이기는 머리를 말리기 위한 내 필수품이었다. 연이어 수술을 한 탓으로 면역력도 떨어지고 추위에 유난히 약해졌기 때문이었다. 침낭 라이너도 추위 때문에 준비했었는데 무게에 비해 탁월한 보온력으로 정말 요긴한 선택이었다.

몇 번의 고심 끝에 약부터 버렸다. 감기 끝에 후각을 99% 상실한 상태라 먹고 있던 약이었다. 코 안에 뿌리는 스프레이가 두 종류나 있으니 괜찮을 것 같았다. 다음으로 카미노 후 포르투갈, 바르셀로

나, 이탈리아 여행을 위한 복사물과 만약에 잃어버릴 것을 대비해서 두 장씩 준비한 숙박예약서, 항공권도 한 장씩만 남기고 버렸다. 삼푸와 린스도 당장 쓸 것만 남겼다. 다음에 또 무엇을 버리게 될지는 몰라도 더 이상 버릴 것이 없다고 생각하면서 배낭 정리를 끝냈다.

걸음도 느린데 아침 출발마저 늦으면 안 되겠다는 위기감에 내일은 새벽 5시 출발을 약속했다. 일찍 출발한다고 해서 다른 순례자들에게 방해가 될 알베르게가 아닌 호텔이이어서 다행이었다. 그런데 내게 작은 문제가 생겨버렸다.

정리를 끝내고 일찍 잠자리에 들려고 서둘다가 침대 위에 안경을 벗어 놓은 걸 잊고 앉아 버린 것이다. 안경이 뿌직 소리를 내면서 부서졌다. 시쳇말로 멘붕이었다. 몇 분을 멍하니 앉아 일어난 사태에 대한 수습방안을 떠올려 봤지만 어쩔 수 없는 일이었다. 그러나 아직 선글라스가 남아 있다는 것이 위로가 되어서인지, 노안으로 근시가 좋아져서 주는 위안 때문인지, 사태에 비하면 마음의 동요는 그렇게 크지 않았다.

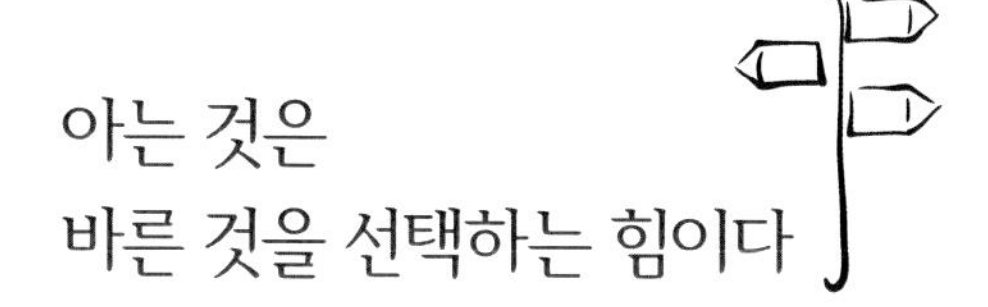

아는 것은 바른 것을 선택하는 힘이다

새벽 5시, 자고 있는 소라를 깨웠다. 서둘러 팜플로나를 향해 출발했다. 밖은 캄캄했다. 어제 건너온 라비아 다리를 건너니 바로 조가비 표식이 보였다. 강 옆으로 나 있는 작은 길을 건너니 산으로 올라가는 길이 시작되었다. 이상한 마음이 들기 시작한 것은 올라갈수록 허리를 훌쩍 넘는 풀이 무성해지면서부터였다. 길도 좁아서 한 사람이 겨우 지나갈 수 있었다. 뭉게뭉게 올라오는 의심을, 조가비 표식을 보고 왔으니 틀릴 일은 없다고 마음으로 우기면서 애써 무시했다. 한 시간 가량을 컴컴한 산길을 전등을 밝히면서 올랐다. 갈수록 풀은 우거지고 사람의 흔적은 점점 찾기 힘들어졌다.

앞으로 계속 가자니 확신이 없고 돌아서자니 마음이 내키지 않았

다. 그때 가까운 곳에서 개 짖는 소리가 들렸다. 인기척을 듣고 짖는 것 같았다. 개 짖는 소리가 그렇게 반가울 줄이야. 양손으로 잡은 스틱 때문에 손전등을 입에 물고 앞장섰던 나는 멈춰 서서 소라가 가까이 오기를 기다렸다. 몸 상태가 좋지 않은 소라는 처음부터 계속 처지고 있었다. 셋은 소리가 나는 쪽을 향해 움직였다. M과 나는 돌아가며 이슬에 젖은 긴 풀을 스틱으로 헤치며 길을 만들었다. 마을이 있었다. 서너 가구가 사는 작은 마을이었다.

산에서는 숲에 가려 몰랐는데 여명은 산 중턱 작은 마을을 벌써 깨우고 있었다. 느닷없이 마을 뒷산에서 나타난 사람 소리에 개들은 마을사람 전부를 깨울듯이 짖어댔다. 길을 잃고 고생한 것은 뒷전이고 우리 때문에 마을 사람들이 깰까 봐 어찌할 바를 몰랐다. 나쁜 사람이 아니니 걱정 말라는 간절한 눈빛이 개들에게 통했는지 고맙게도 마구잡이로 짖어 대지는 않았다. 마을 앞 큰길에 나오니 어제 머물렀던 마을과 방금 넘어온 산이 다 보였다. 꽤 높이 올라온 것이었다. 마침 차를 타고 나오는 주민에게 길을 물어 제대로 길을 찾을 수 있었다.

이 일은 조가비가 주는 표식을 제대로 이해하지 못해서 생긴 결과였다. 조가비는 단지 이곳이 카미노라는 것을 알려주기만 할 뿐 방향을 가리키는 것은 아니었다. 방향을 가리키는 것은 노란 화살표뿐이었다는 것은 그러고도 한참이 지나서야 알게 되었다. 카미노를 걷는 사람에게는 가장 기본적인 것인데도 우리 모두 몰랐다. 많이 알려진 것이었기에 안다고 생각하고 무시한 것이었다.

뒤처지는 소라를 기다리고 다시 걷고 하는 일에 한계가 왔다. 문자를 주고받으며 위치 확인을 하던 나는 소라의 상태를 물었다. 소라는 자신의 체력에 맞게 천천히 걸어 보겠다고 했다. 무슨 일이 생기면 전화하라는 말을 남기고 M과 나는 팜플로나Pamplona를 향했다. 그날 저녁 문자를 통해 무사히 다른 알베르게에 도착했다는 소라의 소식을 들었다.

귀여운 소라를 더 이상 못 만난다는 아쉬움도 있었지만 치사하게도 '어젯밤 소라에게 빌려준 내 새 빤스는 어떻게 받지?'하는 생각도 같이 떠올랐다. 설마 '치사 빤스'란 말이 이래서 생긴 말은 아니겠지.

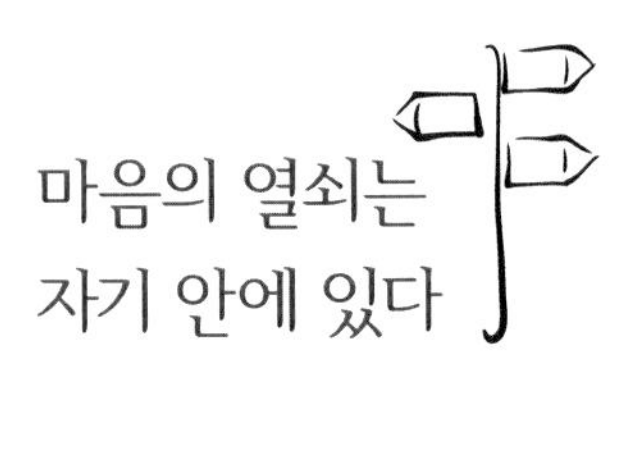

마음의 열쇠는 자기 안에 있다

플라타너스 가로수가 인상적인 팜플로나 초입

M과 나는 스페인에서 처음 맞이하는 도시 팜플로나에 진입했다. 기대와 설레는 마음이 교차했다. 그 사이 도시의 북적거림이 낯설었다. 배낭을 멘 차림새부터가 그들과 달라서인지 이방인이라는 기분이 들었다. 한적한 길을 걸을 때는 내가 다른 사람에게 어떻게 비쳐질까 신경 쓸 필요가 없었다. 그런데 도시라는 공간은 나 자신보다 다른 사람을 먼저 생각하게 하는 곳이었다. 나 자신에게 충실하기 위해 떠나 온 카미노에서 나는 아직 아무것도 버리지 못했다.

한적한 마을사람이나 북적이는 도시사람이나 스페인의 모든 사람들은 순례자에게 매우 친절했다. 그 친절함은 순례자들을 천 년 동안 품어 온 넉넉함과 그들이 지닌 민족 구성원과 역사적 배경에도 그 이유가 있다.

스페인의 역사는 북아프리카에서 이베리아 남동쪽으로 이주해 온 이주민들의 문명으로부터 시작되었다. 해안 지대에 자리 잡은 이베로족과 기원전 6세기 무렵, 북유럽에서 건너온 켈트족이 고대 이 지역에 살았던 민족이다. 그중 켈트족이 바로 피레네를 넘어온 민족이다. 지중해를 거쳐 들어온 페니키아, 그리스, 카르타고의 영향과 기원전 19년에 이베리아를 완전 정복한 로마에 이어, 1492년 약 800년 동안 스페인을 지배했던 이슬람왕국이 사라지기까지 스페인 역사의 대부분은 이민족과 함께였다. 신대륙 탐험을 위해 콜럼버스를 후원하여 엄청난 부와 영토를 획득하여 명실공히 세계를 호령하던 세계 최강의 국가였다. 콜럼버스의 신대륙 발견은 스페인어가 신대륙 원주민 언어를 몰아내고 공식 언어가 되었고, 스페인 국가는 더욱 다양한 이민족으로 구성되었다.

도시에서는 길을 잃지 않기 위해서 조가비 표식을 찾는 데 집중해야 했다. 큰 도시에서는 주로 도로에 표식이 새겨져 있다. 방향을 선회할 때만 노란 화살표를 따르고 나머지는 바닥에 난 조가비 표식을 보고 길을 찾았다. 무거운 배낭을 짊어지고 잔뜩 흙이 묻은 등산화를 신고 앞만 보고 걷는 것 이외에는 어떤 것도 생각하지 않았다. 화살표를 따라 걸어서 그날의 목적지에 무사히 도착하는 것만으로 벅찼다. 스마트폰으로 찍어온 지도만으로는 직접적인 도움은 되지 않았다. 된다 하더라도 스틱을 쥐고 있는 양손으로 폰을 사용하거나 안내 책자를 보는 것이 번거로웠다. 그러나 처음 맞이하는 스페인 도시의 이국적인 풍경은 새로운 호기심을 불렀다. 팜플로나의 유적지도 보고, 정통 스페인 음식도 먹고, 바에 가서 커피도 마시고 싶었다. 언제 또 다시 올 수 있을까 싶은 마음 때문에 더 그랬던 것 같았다. 비오는 진창길을 걸어서 엉망이 된 내 모습은 잊어버렸다.

그런 내 마음을 알 리가 없는 M의 모습은 길을 잃지 않으려는 비장함으로 가득했다. 새로운 도시의 이국적인 건축물과 독특한 가로수의 모습도 진한 커피향도 그녀의 발걸음을 붙잡지 못했다. 그녀의 목적은 오로지 산티아고에 도착하는 것이 전부였다. 내가 보기에 그녀에게 카미노는 목숨을 건 도전이라고 해도 과언이 아니었다.

"소심하고 독립적이지 못한 내 성격으로 이 길을 나섰다는 자체가 엄청난 도전이에요. 그냥 걸어서 산티아고 데 콤포스텔라에 도착하는 것 외에는 정말이지 아무 욕심이 없어요."

팜플로나

'소심한 당신을 이곳에 오게 한 이유는 무엇인가요?'

그렇게 묻고 싶었다. 그러나 나 역시 왜 이곳에 왔는지 한마디로 정의내리기는 쉽지 않다. 그 질문은 나 자신에게 먼저 던져야 하는 것이었다. '밥'은 핑계일 뿐 왜 이곳에 그토록 오기를 원했는지 그 대답을 찾아갈 수나 있을까.

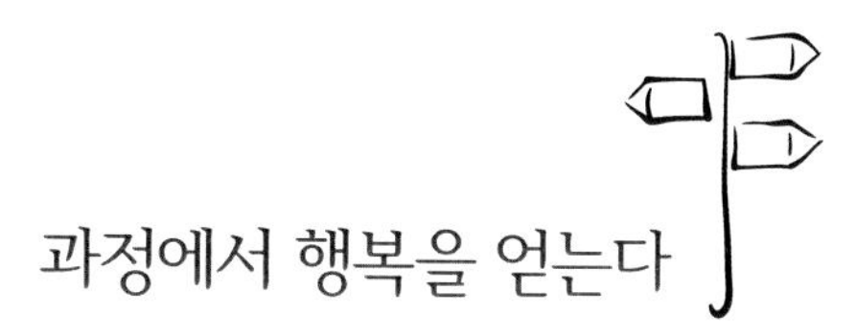

과정에서 행복을 얻는다

나는 이곳에 오기 전에 이미 물집으로 고생한 적이 있었다. 물집이 어떤 상태에서 생기는 지도 안다. 물집도 일종의 화상이다. 나는 발바닥이 화끈거리고 따갑지 않더라도 한두 시간쯤 걷고 나면 신발을 벗고 열기를 식혔다. 신발을 벗고 열기를 식혔는데도 따가운 증상이 지속되면 개울물에 발을 담갔다. 잠자리에 들기 전에는 낮에 걸으면서 무리가 된 발과 발목, 무릎, 손목, 어깨를 바세린과 맨소래담을 섞어 마사지하였고, 아침에는 발과 발가락에 바세린을 충분히 바른 다음에 발가락 양말을 신었다. 그 위에 스포츠 양말이나 등산양말을 신었다. 카미노 내내 이것 하나만은 철저히 지키며 걸었더니 물집이 아니라 집에 있을 때보다 더 보들보들한 발을 가질 수 있었다. 아침 저녁으로 알베르게에서는 순례자들 대부분이 물집으로 너덜너덜해진 발을 잡고 시름하는 광경이 일상이었다. 내 침대 옆에서도 마찬가지였다. 비슷한 구간을 걸으며 두세 번 인사를 주고받던 미국인 여성은 퉁퉁 불어터진 발을 붙잡고 있는데 발톱이 다 빠진 것 같았다.

"너 괜찮니?"

"고마워, 문제없어."

발이 너덜너덜해졌는데도 그녀의 콧노래는 알베르게 안을 날아 다녔다. 하긴 길에서 봤을 때도 언제나 에너지가 넘쳐 보였다.

"다른 사람들과 함께 가기 위해서 비 오는 길을 쉬지 않고 30㎞ 이상을 걸었더니 새 발톱을 상으로 받게 될 것 같아."

웃음소리가 시원한 그녀는 이미 자신의 실수를 깨닫고 카미노가 주는 교훈을 겸허하게 받아들이고 있었다.

카미노는 인생의 모습과 많이도 닮았다. 보행 속도가 다른 사람을 무리하게 좇아가거나 자신의 한계를 넘어서면 사고로 이어질 가능성이 높다. 지금 길 위에 있는 이 시간을 행복하게 보내면서도 목적지까지 무사히 갈 수 있는 방법이 무엇인지 충분히 검토할 필요가 있다.

엔드류 매튜스가 말했다.

행복이란 건 대개 현재와 관련되어 있다. 목적지에 닿아야 비로소 행복해지는 것이 아니라 여행하는 과정에서 행복을 느끼기 때문이다.

계속되는 피레네 오르막을 오를 때였다. 오르막의 끝만 보고 욕심을 냈더니 오르기도 전에 마음이 먼저 지쳐버렸다. 시선을 내 발 바로 앞에 두고 한 걸음씩 천천히 올랐더니 나도 모르는 사이 정상에 서 있었다. 이 경험은 카미노 내내 유용했을 뿐 아니라 내 삶에도 유용하게 적용하고 있다.

알베르게 정원에서 담소를 나누는 순례자들

M의 눈물

팜플로나 시내를 지나 막달레나 다리Puente de la Magdalena를 지났다. 양쪽으로 나 있는 길에서 서성이다 왼쪽으로 200m 정도 걸으니 순례자들이 줄을 서 있는 알베르게가 나왔다. 사설 알베르게 카사 파데르보른Casa Paderborn이었다. 폰을 켜고 출국하기 전 대학인순례자협회에 부탁해서 받은 최근 알베르게 정보를 찾았다. 처음으로 정보를 찾아 확인하는 여유가 생긴 것이다. 그렇게 카미노에 조금씩 익숙해져 가고 있었다.

M과 나는 이곳으로 걸어오는 내내 비를 맞았다. 길을 잃을까 하는 염려와 딱딱한 아스팔트는 시골 흙길을 걸을 때와 달랐다. 무릎에 무리가 많이 갔다. 배낭은 무거운데 스틱도 사용할 수 없으니 당연한 일이었다. 3일 동안 30시간 정도를 걸었으니 몸은 만신창이가

되어 갔다. 그동안 밀린 옷가지들은 봉사자에게 돈을 주고 맡겼다. 대부분의 알베르게는 세탁기가 설치되어 있다. 약 6, 7유로 전후로 세탁과 건조를 할 수 있다. 볕 좋은 날에는 수돗가에서 빨래를 해서 널면 금방 마르지만 비가 오는 날은 세탁기를 사용해서 건조까지 하는 것이 좋다. 얼마 지나지 않아서 봉사자가 보송보송하게 마른 옷가지들을 개켜 바구니에 담아서 가지고 왔다. 입을 것이 있다는 것이 이렇게 기분 좋은 일이었구나!

M이 몸살이 났는지 춥다고 하는데 얼굴색이 좋지 않았다. 오락가락하는 날씨 탓이었다. 그녀의 침낭은 하절기용이라 한기를 없애기에는 충분하지 않았다. 내 침대로 와서 침낭과 라이너를 사용하라고 했다. 미안해서인지 거절하더니 마지못해 내 침낭으로 들어갔다. 나도 그 옆에 누워 M을 바싹 끌어안았다. 누워있던 M이 눈물을 보였다. 손이 시리다고 했다. 나는 침낭 속으로 손을 넣어 그녀의 손등을 꼭 감싸 쥐었다. 나한테 손을 맡기고 젖은 눈으로 아이처럼 가만히 있는 M을 보자, 속으로 그녀를 귀찮아했던 일들이 죄책감으로 밀려왔다.

낡은 집의 파란색 페인트가 인상적이다.
스페인이 아름다운 건 이런 이유 때문이다.

그녀가 잠든 것을 보고 저녁과 내일 아침에 먹을 물과 음식을 사러 나왔다. 마트를 찾지 못해 이리저리 헤매다가 돌아오는 길을 잃어버렸다. 시간이 많이 지나 있었다. 우여곡절 끝에 숙소로 돌아오니 그녀가 한결 나은 모습으로 깨어 있었다. 수제 과자점에서 사온 갓 구운 쿠키와 즉석 샐러드를 먹더니 기운을 차리는 것 같았다.

그녀가 아팠던 것이 몸인지 마음인지 모르겠다. 비록 길 위에서 만난 인연이지만 낯선 땅에서 익숙한 시간을 함께 보내다 보면 꽉 채워져 있는 마음의 빗장이 열리는 날이 오겠지.

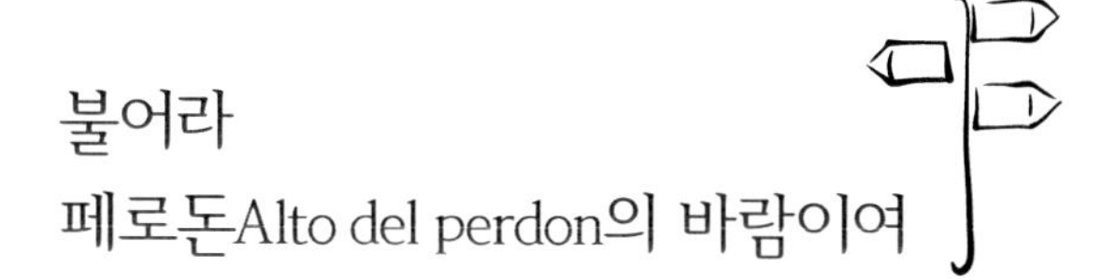

불어라
페로돈Alto del perdon의 바람이여

여전히 내게 맞는 보행 속도를 찾지 못한 상태라 나도 모르게 자꾸 걸음이 빨라졌다. 어떤 길이 펼쳐질지 알 수 없으니 두려운 마음도 여전했다. 카미노 시작 후 계속된 갈증은 물을 아무리 먹어도 나아지지 않았다.

멀리 언덕 위에 풍력발전기가 돌아가고 있었다. 페로돈 언덕이 가까웠음을 알 수 있었다. 페로돈은 카미노를 걷는 순례자들에게 가장 인기 있는 장소 중 한 곳이며 순례자 모형의 아름다운 철 조형물이 있는 곳이다. 페로돈 언덕으로 올라가는 막바지 길은 진흙으로 푹푹 빠지는 농로였다. 비가 와서인지 길이 끊어진 곳도 있었다. 농로를 벗어나자 페로돈 언덕까지 이어진 길은 가팔랐다. 숨을 헐떡이며 한걸음씩 오르니 때마침 시원한 바람이 등을 떠밀었다.

페로돈 정상에는 무엇이든 날려버릴 기세로 차고 드센 바람이 불었다. 배낭을 내릴 생각도 잊은 채 바람이 불어오는 곳을 향해 정면으로 섰다. 바람은 배낭을 멘 사람을 휘청이게 할 만큼 강했다.

두 팔을 벌리고 눈을 감았다. 손가락 사이로 세찬 바람이 지나갔다. 페로돈의 바람은 세포를 뚫고 가슴 안 깊이 묻어둔 시간 속까지 들어와, 털어도 털어지지 않고 지워도 지워지지 않던 것들을 휘감았다. 나는 강한 페로돈의 바람에 깊이 묻었던 참담한 시간을 실었다.

페로돈을 넘자 위험한 자갈길이 시작되었다. 이곳에서 미끄러져 다친 사람이 많았다는 것을 생각하면서 조심해서 걸었다. 몹시 피곤했다. 평탄한 길이 시작되자 길 가장자리에 배낭을 던져 배게 삼아 드러누웠다. 봄볕에 달구어진 길이 따뜻했다. 하늘을 봤다. 높고 푸르렀다. 흰 구름이 둥실둥실 비껴 떠 있었다. 스마트폰으로 음악을 소리 내어 들었다. 신발도 벗고 양말도 벗었다. 때마침 지나가던 순례자가 엄지손가락을 치켜세우면서 말했다.

"네가 진짜 순례자다!"

페로돈 고개

페로돈 고개를 향해 가는 길

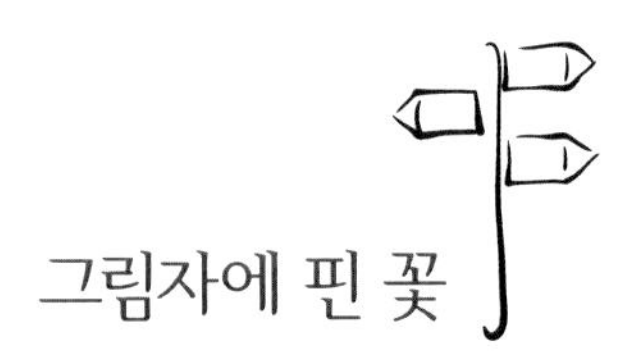

그림자에 핀 꽃

이름도 기억나지 않는 작은 마을에 도착했다. 뜨거운 열기는 어디로 가고 다운을 입고도 부르르 떨릴 만큼 추운 날씨였다. 따뜻한 국물을 대신할 수프를 먹으러 레스토랑으로 갔다. 현지인 여성들이 햇볕을 쬐며 와인 칵테일 상그리아sangria를 마시고 있었다. 햇볕에 앉아 있어도 추워 레스토랑 안으로 들어갔더니 저녁 오픈 시간이 되지 않았다고 밖에 나가서 기다리란다.

'이놈의 유럽문화, 이럴 때 정말 정이 안 가!'

그래서 다들 밖에서 기다리고 있었던 것이었다. 나는 추워서 해를 따라다니고 있는데 현지 여성들은 민소매 반바지를 입고도 추운 줄 모른다. 하긴 뉴질랜드에서 일 년 정도 살 때도 그랬다. 우리나라에서는 겨울에도 안 입던 내복을 기온이 훨씬 높은 그곳 봄·가을에 입었다. 하나도 안 춥다는 혈기왕성한 아들 말만 믿고 준비 없이 갔다가 얼어 죽을 뻔했다. 그 뒤로 여행을 갈 때면 남들이 뭐라고 하든지 추위에 대한 대비를 하는 습관이 생겼다. 그러고 보면 그들과 우리는 체질적으로 다른 것 같다. 신토불이가 그냥 나온 말이 아닌 것이다.

저녁시간이 되어 레스토랑 안으로 들어가자 주인이 다른 한국인 부부와 당연히 한 자리로 안내했다. 외국인들 틈에서 동양인이 우리밖에 없으니 동행이라고 생각한 것이다. 우리와 동석한 부부는 20년 전에 캐나다에 이민하여 캐나다 국적을 가지고 있었다. 두 분 다 좋은 인상에다 나이는 60대 중후반 정도 되어 보였다. 와인을 마시며 두 분과 함께 한 식사는 지쳐가고 있는 마음에 힘이 되었다.

새벽에 떠나는 것도 어느 정도 익숙해졌고 내가 걷고 있는 길이 눈에 들어오기 시작했다. 듬성듬성 보이던 꽃들이 무리를 지어 피어 있었다. 샛노란 유채꽃과 함께 핀 개양귀비는 아침 햇살을 받아 속이 비칠 듯 붉고 투명한 꽃잎을 자랑했다. 마치 이 곳에 오기 바로 전, 파리 오르세미술관에서 보았던 클로드 오스카 모네의 〈아르장퇴유 부근의 개양귀비꽃〉을 옮겨 놓은 듯했다. 푸른 밀밭 사이에도 어김없이 개양귀비는 피었다. 나는 연신 사진을 찍었다. 개양귀비 꽃무리 위로 배낭을 메고 걸어가는 내 그림자가 보였다. 어두운 그림자에 꽃이 피었다.

행복했다. 얼마 만에 떠올려 보는 단어였는지 그때는 몰랐다.

개양귀비 꽃무리에 비친 내 그림자

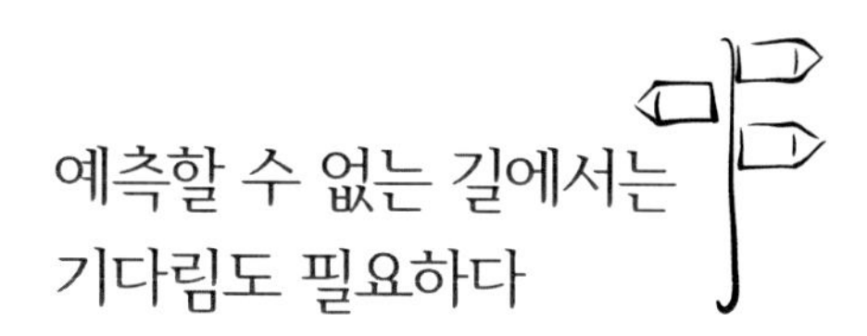

예측할 수 없는 길에서는 기다림도 필요하다

오늘 일정은 나헤라Nájera까지다. 한낮의 더위가 하루가 다르게 열기를 더했기 때문에 2시 이전에 일정을 끝낼 계획이었다. 생각보다 일찍 나헤라 초입에 도착했다. 쉬는 횟수도 줄었고 걸음도 빨라졌기 때문이었다.

마을 입구에 흐르는 나헤리아 강Río Nájerilla에는 이제까지와 다른 현대식 철골 다리가 놓여 있었다. 길 건너 풍경이 이색적이었다. 적갈색층을 이루고 있는 바위산이 마을을 병풍처럼 두르고 그 위로 푸른 나무가 깔고 앉았다. 나헤라는 11~12세기 나바르왕국의 수도였다.

나헤라는 다리를 건너 왼쪽으로 꺾어 가면 된다고 했지만 나는 그곳에서 더 이상 움직이고 싶지 않았다. 아름다운 풍경이 주는 기운을 느끼고 싶었다. 강가에는 두시에 문을 여는 사설 알베르게가 있

나헤라 입구

었다. 30분쯤 기다리니 시간이 아깝기도 하고 다음 마을까지만 더 갈까 하는 생각이 들었다. 다른 순례자들은 이곳을 지나쳐갔다. 기온은 하루가 다르게 높아져서 한낮의 열기는 이미 견디기 어려울 만큼 뜨거웠다. 어느 정도 더 가야 알베르게가 나올지도 알 수 없었다. 그래도 이곳에 서서 한 시간을 기다리는 것보다는 계속 걷는 것이 나을 것 같았다.

한 노인이 내 옆으로 와서 쉬면서 간식을 먹었다. 우린 서로 인사를 나누었다. 나는 그에게, 원래 이곳에 머물 작정이었으나 아직 알베르게가 문을 열지 않아서 망설이던 중이라고 했더니, 그가 내게 함께 다음 마을로 가자고 했다. 우리는 함께 길을 나섰다. 노인은 지도를 꺼내 보여주면서 5km만 더 가면 된다고 말했다. 그는 이야기하기를 아주 좋아했다. 나와의 이야기에서 끝나지 않고 지나가는 사람과도 안부를 주고받았다. 처음에는 그의 안부가 끝나도록 같이 기다렸다. 그러나 그의 이야기는 점점 길어졌고 내 기다림도 지쳐갔다. 나는 하는 수 없이 이야기에 빠져 있는 그에게 먼저 가겠다는 눈짓을 보내고 길을 재촉했다.

아소프라 알베르게

2시간쯤 지났을 때 나헤라에서 5km 떨어진 아소프라에 도착했다.

아소프라 알베르게는 시설이 훌륭했다. 지금까지 숙소의 침대 대부분은 2층 침대였다. 아소프라는 방 하나에 단층 침대 두 개만 놓여있었다. 침대 머리맡에는 개인 등이 있어 책을 보거나 내일 일정을 준비하는 데 도움이 되었다. 넓은 마당에는 빨래를 말리기 좋았고 부엌 역시 음식을 해 먹는 데 부족함이 없었다. 침대에 짐을 내려놓자마자 샤워를 하고 밀린 빨래를 했다. 다른 사람들이 널어놓은 빨래 사이로 내 옷을 널고 돌아서려는데 소나기가 쏟아졌다. 허둥지둥 널었던 빨래를 걷어 휴게실에 앉아 비가 멎기를 기다렸다. 언제 왔는지 나헤라에서 잠시 동행했던 노인이 옆에 서 있었다.

길에서 만난 카미노 친구들은 굳이 약속하지 않아도 알베르게에서 만날 가능성이 매우 높다. 특별한 경우가 아니면 대부분 20~25㎞ 내외로 걷고 또 선호하는 알베르게가 비슷하기 때문이다. 우린 오랜 친구처럼 창밖을 보며 나란히 앉았다. 쏟아지는 소나기를 바라보며 잘 통하지도 않는 이야기를 나누었다. 끊임없이 이야기하기를 좋아하던 그가 잠시 침묵하더니 약간 심각한 얼굴로 말을 했다.

"내가 보기에 네 가방이 너무 무거워 보이더라."

"응, 정말 무거워."

"그 가방 때문에 산티아고에 도착하기 전에 네 몸이 땅에 붙어 버릴지도 몰라"

그렇게 말하며 큰 키로 땅바닥에 붙는 흉내를 낸다. 그 말에 소리내어 웃었다.

"그럴지도 몰라!"

"너 걸음도 너무 빨라."

"나도 알고 있어. 그래서 천천히 걸으려고 노력하는데 나도 모르게 빨리 걷게 돼. 마음이 바빠서 그런가 봐."

"왜, 마음이 바빠?"

"불안해서?"

그의 질문에 오히려 내가 되물었다.

내 뜻을 이해하지 못했는지 그가 말했다.

“너 내일 여길 떠날 거니? 나는 이곳이 좋아서 하루 더 쉬었다 가려고 해. 너도 여기 하루 더 있다 가는 게 어때?”

그는 아소프라 알베르게가 좋아서 하루 더 있다 간다고 했다. 그의 나이를 생각한다면 천천히 쉬어가는 것이 옳은 방법이었다. 그의 발걸음에는 인생을 소중하게 여기는 마음이 가득했다. 지금 걷고 있는 길이 행복이고 목적 같았다. 작은 이정표 하나에도 행복해하고 지나가는 사람에게 따뜻한 인사말을 건네는 사람이었다.

그날 저녁 침대에 누워있자니 그와의 이야기가 떠올랐다. 겉으로 보면 그가 질문을 하고 내가 답을 한 것 같지만, 실제로는 그가 답을 했고 나는 내 자신에게 질문을 던진 것이었다. 그 질문의 답을 카미노가 끝나면 깨닫게 되겠지.

다음 날, 언제나 그렇듯이 이른 아침 서둘러 길을 나섰다. 아직 길 위에서 여유를 찾지 못하는 나는, 인생 경험이 풍부한 카미노 친구의 청을 들어 주지 못했다. 그가 좋은 친구를 만나 건강하고 행복한 카미노가 되었기를 진심으로 바란다.

나헤라에서 동행한 할아버지

Chapter 2 카미노의 힘

순례의 시작

나는 산토 도밍고 데 라 칼사다Santo domingo de la Calzada까지, M은 계속 가기로 했다. 많은 비가 내렸는데도 그녀는 멈추지 않았다. 우리는 서로에게 안전한 길이 되기를 기원했다. 지금까지는 함께 걷지는 않았어도 숙소에서 만나기도 또 같이 출발도 했었는데, 드디어 완전한 홀로서기를 한 것이다.

"부엔카미노!"

그녀의 비옷이 비바람에 펄럭이며 골목 끝으로 사라지는 것을 지켜보았다. 원하는 것을 얻기 위해 스스로의 길을 선택한 M은 변하고 있었다.

내가 머문 곳은 수녀원에서 운영하는 기부제 알베르게로 오랜 시간이 침묵으로 쌓여있는 곳이었다. 삐걱거리는 좁은 계단, 고르지 못한 돌바닥, 미로 같은 방의 배치가 그러했다. 수녀원에서 운영하는 곳이라 그런지 침대가 붙어 있지 않고 하나씩 떨어져 있었다. 벽에 붙어 있는 침대는 괜찮은데 가운데 덩그러니 놓인 낡은 2층 침대는 보기에도 불안해 보였다. 침대 위 칸에 올라가 누웠더니 침대가 기울어져 있었다. 가만히 살펴보니 바닥이 기울어졌다. 수녀님께 침대가 위험한 것 같으니 바꿔줬으면 좋겠다고 했더니 이미 침대가 다 차서 다른 침대가 없다고 했다. 그러더니 구석진 곳을 가리키며 부서진 침대가 있긴 한데 잘 수 없을 거라면서 부서져서 불룩 올라온 부분을 만져 보라고 했다. 나는 침낭이 있어 크게 문제될 것이 없어 보였다. 그곳으로 잠자리를 옮기고 아무 일 없이 잘 잤다. 지금까지는 많지도 않은 나이로 특혜 받는 것이 싫어서 아래 칸 위 칸 상관하지 않고 배정해 주는 대로 잤다. 다음부터는 아래 칸 침대로 사용할 수 있는지

작은 것에도 문화를 담는, 순례자들을 위한 수도시설

먼저 물어 보리라 마음먹었다.

배낭을 던져 놓고 시에스타siesta(낮잠 자는 시간)가 되기 전에 시장을 볼 참이었다. 계속해서 빵과 야채를 먹었더니 평소 좋아하지도 않던 고기가 먹고 싶었다. 대부분의 알베르게는 순례자들이 음식을 해 먹을 수 있도록 갖춰져 있었지만 그동안 한 번도 해 먹지 않았다. 늦은 도착과 피로로 씻고 자는 일만 해도 바빴다. 먼저 이곳 숙소에 음식을 해 먹을 수 있는 주방이 있는지 확인을 하고 난 뒤에 정육점으로 갔다. 스테이크용 소고기를 샀다. 양껏 먹고 싶어서 정육점 주인에게 두껍게 썰어달라고 했다. 스테이크 소스를 대신할 잘 익은 토마토도 샀다. 그리고 곧장 알베르게로 돌아왔다. 주방에는 기본양념과 식기, 음식을 할 수 있는 조리 도구가 갖춰져 있었다. 점심시간이 이미 지나서 음식을 하는 사람은 아무도 없었다.

팬을 올리고 달군 뒤에 고기와 토마토를 넣고 소금으로 간을 했다. 그 위에 허브티 티백을 하나 찢어서 뿌렸다. 고기와 허브티 그리고 토마토 익는 냄새가 주방에 퍼지자 식탁에서 늦은 점심을 먹고 있던 사람들이 관심을 가졌다. 순례자들이 주로 먹는 음식은 빵과 파스타, 샐러드였으니 오랜만에 고기 익는 냄새가 그 사람들의 기분을 즐겁게 했던 것 같다. 으깨어 걸쭉해진 구운 토마토를 스테이크 소스 삼아 고기에 묻혀 접시에 담았다. 따뜻한 허브차도 준비했다. 모락모락 김이 나는 토마토 소스 스테이크가 제법 모양새를 갖추었다. 식탁에서 식사를 하고 있던 몇몇 사람들이 자리를 내어 주며 앉으라고 권했다. 나는 스테이크를 썰어 나누어 주었고 그들은 자기들이 먹던 빵과 음료를 내어 주었다. 모두 정말 맛있다고 하면서 "어떻

산토 도밍고 성당과 박물관

게 했어?"라고 물었다. 나는 아무것도 한 게 없었다. 그냥 소금을 치고 구운 것밖에 없었다. 스페인 고기가 참 맛있었던 것이다.

든든하게 배를 채운 나는 마을을 둘러보기 위해 비옷을 걸치고 밖으로 나왔다. 산토 도밍고 데 라 칼사다는 평생을 순례자들을 위한 수많은 길과 다리를 만들고도, 문맹이었기 때문에 수도회에서 쫓겨난 성인 도밍고의 마을이다. 순례자들이 좋아하는 마을 중에 한 곳이기도 하다. 그래서인지 비오는 날씨에도 순례자들과 주민들로 북적여 마을은 활기가 넘쳤다. 광장에서는 특별한 옷을 입은 마을 주민들이 악기를 들고 축제를 준비하고 있었다. 매년 5월이 되면 2주 동안 성 도미닉에게 경의를 표하는 축제가 열린다고 했는데 그 축제인가 싶기도 했다. 기다려도 시작할 기미가 보이지 않았다.

나는 성당과 박물관을 둘러보기 위해 근처 성물가게에서 입장권

산토 도밍고 박물관

을 샀다. 한 장의 입장권으로 성당과 박물관 입장이 가능했다. 박물관은 소박하고 조용했다. 나 외에는 아무도 없었다. 성당 안에서 뒷짐을 지고 천천히 거닐었다. 성당은 크지 않았지만 믿음의 깊이는 깊고 크게 다가왔다.

성당에서 나오니 그 사이 비가 그쳐 있었다. 알베르게로 돌아오는 골목에서는 전통 복장을 한 아름다운 여인이 춤을 추고 있었다. 춤을 추는 여인 곁에는 그녀의 춤추기를 도우는 또 한 여인이 있었다. 그녀의 춤이 무엇을 말하고 누구를 위한 것인지 알 수 없으나 텅 빈 골목에서 지는 해를 등지고 뛰어 오르는 춤사위는 슬픈 듯 애처로웠다. 춤은 정적이 흐를 만큼 움직임이 절제되었다. 슬픈 표정의 얼굴은 창백한 화장을 한 것 같았다.

성당 내부

공연을 하고 있는 여인

꿈길 속을 걷고 있는 것 같은 착각이 들었다. 발걸음을 멈추고 그녀의 춤사위에 내 마음을 얹어 같이 춤을 추었다. 문득 '수탉과 암탉의 기적'이 떠올랐다. 그녀가 말하고 싶은 이야기가 이곳의 전설을 전하려는 것이었을까. 전설의 내용은 이런 것이다.

순례자 부부와 잘 생긴 아들이 산티아고로 가는 중 이곳 산토 도밍고 데 라 칼사다에 있는 여관에 머물게 된다. 잘생긴 청년에게 반한 여관집 딸이 청년을 유혹했으나 독실한 청년은 그녀를 거부한다. 앙심을 품은 여관집 딸이 금으로 만든 잔을 청년의 가방에 숨기고 난 뒤 그를 도둑으로 모는 바람에 교수형에 처해진다. 부부는 비통한 심정을 품고 산티아고까지 갔다가 돌아오는 길에 교수대에 매달려 아직도 살아 있는 아들을 발견한다. 산토 도밍고 덕분으로 아들이 죽지 않고 살아 있었단다. 부부는 식사를 하고 있는 재판관에게 곧바로 달려가 사실을 말하고 아들이 아직 살아 있음을 알린다. 그러자 재판관은 당신들의 아들은 여기 닭고기마냥 살아 있지 않다고 말한다. 그러자 식탁 위에 있던 닭이 살아나 큰 소리로 울어댔다. 기적을 본 재판관은 청년을 사면해 주었고 부부와 잘 생긴 청년은 무사히 집으로 돌아갔다는 것이다. 그래서 지금도 이곳 성당 안에는 닭을 키우고 있다. 성당 안에서 닭 울음소리를 들으면 행운이 찾아온다고 믿는다는 것이다.

잠자리에 누우니 집을 떠나 온 후 처음으로 평화가 찾아왔다. 산토 도밍고 데 라 칼사다에서 나는 여유를 갖게 되었고 진정한 순례가 시작되었다.

나는 외국인

종일 추적추적 내리는 비로 인해 봄인데도 늦가을 분위기가 났다. 하루 종일 아무도 없는 길을 아픈 어깨를 친구 삼아 걸었다. 힘든 것은 둘째 치고 사람이 그리웠다. 동네에 들어 와도 사람 보기 힘든 것은 마찬가지였다. 입구에 보이는 네트워크 호스텔을 무시하고 계속 안쪽으로 걸었다. 다른 곳은 마을 안으로 들어가면 순례자들이 보이기 시작하는데 이곳은 여전히 아무도 보이지 않았다. 마을 앞 성당에서 혹시나 사람들을 볼 수 있을까 서성거려도 인기척이 없었다.

마주 보이는 곳에 엘 카미난테El Caminante 알베르게가 있었다. 그곳 역시 문은 잠겨 있고 두드려도 대답이 없었다. 문 여는 시간도 보이지 않았다. 맥 놓고 한참을 서 있고서야 들어가는 문이 따로 있다는 것을 알았다. 뒤따라온 두 명의 순례자가 카미난테로 들어가며 날 불렀다. 내가 서 있었던 곳은 사용하지 않는 입구였다. 알베르게

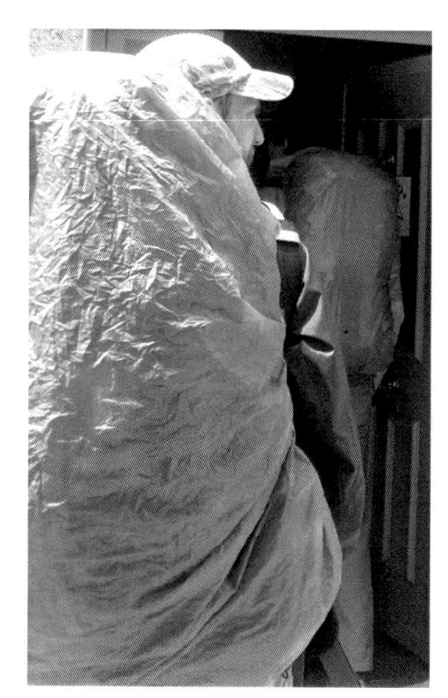

알베르게로 들어가며 날 부르는 순례자

의 침대는 거의 비어 있었다. 덕분에 배정해 주는 침대가 아닌 좋아하는 곳을 찾아 짐을 풀었다. 식당으로 가서 저녁을 예약해 놓고 샤워를 했다. 사람이 많지 않다는 것은 따뜻한 물을 마음껏 쓸 수 있다는 뜻도 되었다. 사람이 많은 알베르게는 시간을 잘 이용해야 따뜻하게 샤워를 끝낼 수 있다. 사람이 몰리는 시간에는 도중에 차가운 물이 나와 낭패를 보는 일이 종종 있었다.

날씨 탓인지 몇 되지 않은 사람들마저 전부 침대에 누웠다. 알베르게 안에는 문 밖에서 들리는 바람과 빗소리만이 가득했다. 몸이 힘든 것과 잠이 오는 것은 별개였다. 잠도 오지 않는데 누워 있으니 여러 가지 생각으로 기분만 가라앉았다. 몸을 추슬러 밖으로 나왔

공소

다. 길을 잃지 않기 위해 골목을 눈으로 익히며 걸었다.

제법 큰 광장이 나왔다. 마요로 광장이었다. 광장을 가운데 두고 바와 레스토랑과 기념품 가게들이 있었다. 광장에는 주민들을 더러 볼 수 있었다. 그들이 내게 관심을 보였다. 스페인 할머니 넷이 바에서 차를 마시며 담소를 나누다 내가 들어가자 일제히 쳐다보았다. 동양의 중년여자가 혼자 바에 들어가니 낯설었던가 보다. 내가 먼저 그들에게 인사하자 그들도 합창하듯 "올라!", "부엔카미노!"한다. 이렇게 외롭고 쓸쓸한 날 스페인 말을 할 수 있었다면 할머니들 곁으로 가서 폭풍수다를 떨었을 텐데 현실은 그럴 수 없었다. '다음에는 스페인어를 꼭 배워서 와야지' 다짐했다.

커피와 타파스Tapas 몇 개를 먹고 예정대로 부르고스Burgos로 가는 버스를 확인하기 위해 밖으로 나왔다. 마을은 처음 생각했던 것보다 번화했다. 다만 순례가 시작된 이후 날짜와 요일 개념이 없어져서 이날이 휴일일 수도 있다는 생각은 전혀 하지 못했다. 걷고, 먹고, 자는 단순한 생활을 하다 보니 눈에 보이는 것만 보고 있었던 것이다. 큰길로 나오니 은행도 있고 버스 정류장도 있었다.

부르고스는 대도시다. 팜플로나 시내에서 스틱 없이 아스팔트길을 걸을 때 무릎과 발목이 아팠다. 그래서 대도시에 진입할 때는 버스를 이용하려고 일찌감치 마음을 바꿨다. 몸이 힘든 것은 견뎌내면 그만이지만 상한 몸은 원상회복이 어렵다. 이렇게 정한 기준은 더 많은 경험으로 카미노를 즐겁고 풍성하게 만들었다.

정류장을 확인하고 숙소로 돌아왔다. 부르고스로 가는 버스 시간

을 알아보려고 하는데 봉사자가 영어를 할 줄 몰랐다. 스페인어를 못하는 나와 영어를 못하는 그녀와의 답답한 대화를 듣고 있던 독일인 아가씨가 끼어들었다. 덕분에 원하는 정보를 얻었다. 그녀의 침대는 내 침대와 붙어 있었다. 우리는 누워서 이야기를 나누었다. 그녀는 휴가를 이용해서 아버지와 함께 일주일 동안 카미노를 걷기 위해서 왔고 내일 집으로 돌아간다고 했다. 다음 휴가 때는 이곳 벨로라도에서 이어 걸을 것이라고 했다. 수십 명이 자야 할 알베르게에 대여섯 명이 머무르는 분위기는 적막했다. 쉽게 잠들지 못하고 밤새 뒤척이다 새벽에야 겨우 잠이 들었다.

지금까지는 매일 6시쯤에 길을 나섰다. 그러나 내일은 버스 시간인 9시 40분에 맞춰 일어나면 되니까 늦잠을 자려고 마음먹었다. 그러나 아침 8시가 되자 봉사자가 손뼉을 치며 큰 소리로 순례자들을 깨웠다. 알고 보니 8시면 무조건 알베르게를 떠나야 했다. 또한 한

버스를 기다리며

곳에서 이틀을 머무를 수도 없었다. 아프거나 하루 더 머물고 싶어도 아침에는 무조건 침대를 비워주고, 문 여는 시간에 맞춰 다시 들어와야 한다는 것이었다. 버스 시간은 아직도 남았는데 쫓겨나다시피 밖으로 나왔다.

아침을 먹으려고 버스 정류장 근처 카페에 들어갔다. 커피와 빵을 사 들고 밖으로 나와 광장을 바라보며 앉았다. 마을 주민으로 보이는 남자 두 사람이 다가오더니 사진을 찍어주겠단다. 자신의 폰으로 나와 같이 사진 찍어도 괜찮냐고 물었다. 흔쾌히 그러마고 했다. 어제 스페인 할머니도 그랬고, 잊고 있었지만 나는 외국인이었던 것이다.

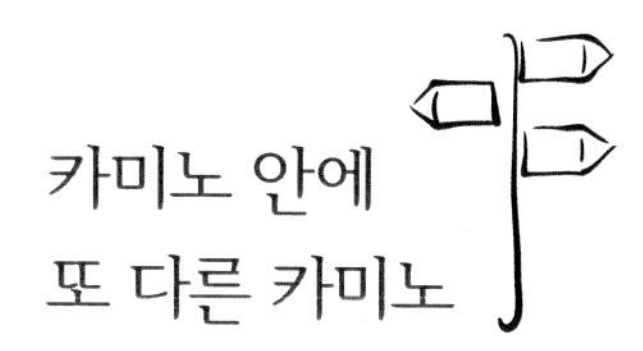

카미노 안에 또 다른 카미노

버스 도착 시간이 되어가자 순례자들이 정류장으로 모여 들었다. 제시간보다 10여 분 빨리 온 버스는 주민들과 순례자로 가득 찼다. 나는 스위스 집 앞에서 출발해 산티아고 데 콤포스텔라까지 간다는 긴 금발머리 스위스 순례자와 함께 앉았다. 그는 부르고스에 친구를 만나기 위해 가고 있으며 6개월째 순례 중이라 했다.

카미노의 많은 길 중에 도로와 맞닿은 길이 더러 있는데 이 구간이 유독 그런 길이었다. 산 정수리에는 하얗게 눈이 쌓였고 눈보라는 바람에 길게 누운 채 거칠게 몰아쳤다. 버스를 타고 가면서 카미노를 걷는 순례자들을 보니 숲을 나와 숲을 보는 것 같기도 하고 높은 곳에서 세상을 내려다보는 것 같기도 했다. 그들은 모두 각기 다른 생각과 의지로 그 길을 걷고 있었을 테지만 바라보는 입장은 한 가지인 것처럼 보였다. 풀리지 않는 인생의 숙제를 안은 사람들의 행렬 그것이었다. 그들의 모습에서 내 모습을 봤고 나를 객관화하는 일이 가능했다. 다른 사람 바라보기를 통해 공감이 된다는 것은 그 자체로 좋은 위로였다. 위로는 언제나 감동스럽다. 그래서인지 눈물이 나도록 장엄하고 가슴 저릿했다.

버스는 중간에 주민들을 태우느라 여러 번 정차한 다음 시내에 진입했다. 나는 버스를 탄 선택에 대해서 매우 만족하고 있다. 그것 또한 카미노 안에 또 다른 카미노였다. 계속 걷기만 했다면 내가 어떤 모습으로 걷고 있는지, 또 한 걸음 한 걸음 걸어가는 모습이 얼마나 아름다운지 정녕 알지 못했을 것이다. 내 삶도 마찬가지였다.

애써도 풀리지 않는 숙제를 껴안은 채 끝내 떠나오지 못했다면, 내가 살아가는 하루하루의 소중함을 깨닫지 못했을 것이다. 카미노를 통해 연속되는 삶에서 멈추고 난 뒤에야, 의미 없는 하루라고 느꼈던 그 하루마저도 소중한 것임을 알게 되었다. 카미노를 마치고 집으로 돌아가는 날 나는 카카오스토리에 이런 글을 썼다.

> 사랑하는 가족이 기다리는 집으로 갑니다.
> 평범한 일상이 저를 기다리니 그 일상이 귀하기 그지없습니다.
> 길 위에서 넘치게 행복했습니다.
> 사랑합니다.

이곳으로 떠나오기 전에는 일상이 지속된다는 것은 차라리 고통이었다. 환경은 변했고 따라서 나도 달라졌는데 내게 요구하는 모든 것들은 그대로였다. 생각해 보면 날마다 지속되는 일이 있어서 내 삶이 있었던 것임을 이 길을 떠나오기 전까지는 깨닫지 못했다. 어느새 일상이 기다리는 집이 있다는 것이 감사했다. 아직 그곳에 내 할 일과 내 손길이 필요한 사람들이 기다리고 있었으므로 그 일상으로 귀환하는 것에 감사했다.

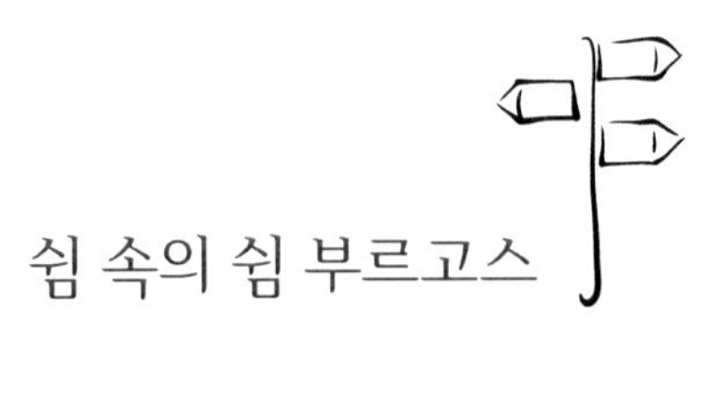

쉼 속의 쉼 부르고스

부르고스

시내에 진입하고 얼마 지나지 않아서 버스는 정류장에 도착했다. 정류장을 빠져 나와 부르고스 대성당을 찾기 위해 둘러보았다. 멀리 오른쪽 방향으로 고딕 양식의 성당 첨탑이 보였다. 버스에서 내린 서너 명의 다른 사람들도 같은 곳을 찾고 있었기에 자연스럽게 합류하여 같은 목적지인 부르고스 대성당으로 향했다. 성당 첨탑을 바라보며 이십분쯤 걸었을까. 가까이 갈수록 아름다운 건축물이 주는 감동이 시나브로 다가왔다. 성당의 모습이 완전히 드러나자 발걸음이 저절로 멈춰질 만큼 웅장하고 미려했다. 우리는 성당을 배경으로 서로의 사진을 찍어주기도 하고 같이 찍기도 했다. 그러나 곧 발길을 돌려 지자체 알베르게 무니시팔municipal을 찾아 나섰다. 알베르게는 성당에서 멀지 않는 곳에 있었다.

무니시팔은 대부분 성당 근처에 있으므로 어느 곳에 가든지 마을 중심에 있는 성당으로 가서 숙소를 찾으면 쉽다. 그래서 마을에 도착하면 성당을 먼저 찾는 것이다. 우리 앞에 도착한 몇몇의 순례자들이 숙소 문 앞에 배낭을 세워 놓고 알베르게 문이 열리기를 기다리고 있었다. 알베르게 무니시팔은 대부분의 순례자들이 가장 먼저 찾는 곳이기 때문에 일찍 만실이 된다. 그래서 도착하는 순서대로 배낭을 놓고 그 순서대로 들어가게 된다. 대도시의 경우 더 빨리 만실이 된다.

정류장에서 함께 걸어온 사람 중에 한 명이 내게 빵을 건넸다. 목이 마른 상태에서 그 빵을 먹고 싶지가 않았다. 사양의 뜻을 전했다. 그러자 그는 한 번 더 빵을 권했다. '이 사람 두 번씩이나 먹을 걸 권

부르고스 성당 첨탑

하다니 재밌는 사람이구나' 하고 생각했다. 정말 먹고 싶지 않아서 또 거절했다. 그러자 또 권한다. 나는 하는 수 없이 빵을 받아서 먹었다.

나는 평소에 음식을 과하게 권하는 것을 좋아하지 않는다. 그런데도 세 번씩이나 빵을 나누어 준 이방인에게 기분이 언짢기보다는 따뜻한 정이 느껴졌다. 혼자 걸었으면 하고 희망하다가 막상 혼자 걷고, 혼자 먹고, 혼자 자다 보니 세상에 홀로 떨어져 있는 듯 외롭고 쓸쓸한 마음이 컸다. 비록 한 조각 빵에 불과하지만 마음이 따뜻해졌다. 집을 떠나 이곳으로 온 그 순간부터 나 스스로를 책임져야 했고 내 판단을 믿고 결행해야 했다. 아니, 어쩌면 카미노를 오기로 한 그 순간부터 나는 혼자였다. 출국과 귀국을 정하고 그 안에서 이루어지는 모든 과정을 스스로 찾아서 계획을 세우고 준비하는 일은 누가 대신해 줄 수 있는 일이 아니었다. 나도 모르게 이 길과 관련된 일에서만큼은 혼자 하는 것에 익숙해져 있었던 것이다.

버스를 타고 일찍 도착한 탓에 알베르게 문이 열리는 데까지는 시간이 많이 남아 있었다. 기다리는 시간이 지루하게 느껴질 즈음, 함께 온 사람 중에서 한 명이 함께 바에 가서 커피를 마시자고 했다. 빵을 건넨 사람을 포함하여 나까지 셋이었다. 그중에서 키가 큰 사람은 분실을 염려해서인지 배낭을 다시 짊어졌다. 나 역시 큰 도시이다 보니 분실을 염려했다. 그러자 빵을 건넨 남자가 자신의 큰 배낭으로 내 배낭을 덮어서 숨겼다. 그리고 기다리고 있던 다른 사람에게 배낭을 부탁했다. 우리 셋은 근처 바에 가서 차를 마시며 인사를 했다. 빵을 건넨 사람의 이름은 빈첸조, 이탈리아인이었다. 키가 큰 사람도 역시 이탈리아인이었다.

바에 다녀온 사이에 키가 큰 사람은 순서가 밀려 헤어지게 되었고 빈첸조와 나는 같은 침대 아래 위 칸을 배정받았다. 부르고스 무니시팔은 처음 도착했던 론세스바예스의 알베르게와 같이 넓고 깨끗하며 현대적이었다. 그래서인지 순례 중에 다쳤거나 병으로 고생하는 사람들이 며칠 지내면서 휴식을 취하기도 하는 곳이었다. 물론 병원 진료서가 있을 때 가능했다. 그래도 여느 알베르게와 마찬가지로 아침이면 나갔다가 문이 열리면 다시 들어와야 하는 것은 예외가 없었다.

빨래를 해 놓고 성당과 시내를 둘러보기 위해 밖으로 나왔다. 부

알베르게 문이 열리기를 기다리는 순례자들

르고스 대성당은 스페인 국토회복운동 레콩키스타reconquista의 주역인 11세기 지도자 엘시드El Cid라는 이름으로 알려진, 로드리고 디아스 데 비바르Rodrigo Díaz de Vivar와 그의 아내 도냐 히메나 Dona Jimena가 잠든, 스페인에서 가장 유명한 고딕 양식 성당 중 하나다. 1221년에 공사를 시작해 1567년에 완성된 부르고스 대성당은 약 200년 동안 공사가 중단되었다가 15세기에 쌍둥이 탑이 추가되면서 프랑스 고딕 양식으로 거듭났다.

엘시드(1043(?)~1099)는 스페인 국민들에게는 산티아고 대성당에 안치된 성 야고보에 버금갈 만한 영웅으로 추대받고 있는 실존 인물이었다. 안타깝게도 나는 성당 안에 안치된 그의 무덤을 알아보지 못하고 화려한 내부에 넋이 빠졌다. 성당을 나와 박물관 안으로 들어가자 금빛 찬란한 가톨릭 유물들이 가득했다. 스테인드글라스와 중세시대 무덤이 조각되어 있는 회랑의 한적함은 작은 것에 아등바등했던 지난 시간을 저절로 내려놓게 만들었다. 유물에 대한 식견이 전혀 없으니 눈으로 보는 것으로 만족해야 했다. 떠나오기 전에 공부를 좀 하고 왔었더라면 하는 아쉬움이 컸던 시간이었다.

성당 구경을 하고 나오니 배가 고팠다. 늘 먹던 빵과 커피보다 밥이 먹고 싶었다. 파에야Paella 하는 집을 찾아 다녔다. 이곳저곳을 기웃거리다 입간판에 그려진 파에야 사진을 보고 들어간 곳은 레스토랑이 아니라 간단한 음식을 먹을 수 있는 바였다. 손님과 함께 TV 축구경기에 넋을 빼던 주인은 미리 만들어 놓은 파에야를 전자레인지에 데워서 가져왔다. 닭고기와 약간의 해물이 들어간 것이었다. 미

성당 내부 장식

성당 내부

성당 유물들

예배실

리 해 놓은 음식이라 파에야 특유의 쫀득쫀득 씹히는 맛은 없었다. 그래도 빵을 먹어서는 좀체 생기지 않던 포만감이 들었다.

스페인은 유럽에서 유일하게 찰기가 있는 쌀을 재배하고 소비도 가장 많은 나라다. 쌀로 만든 요리가 지방별로 다양하게 발달되어 있는데 그 중에서 쌀농사가 활발한 발렌시아의 파에야가 많이 알려져 있다. 우리나라로 치면 볶은 밥 같은 건데 해물파에야의 경우 생선뼈, 생선 머리 등으로 육수를 낸단다. 올리브유로 쌀을 볶아서 익힌 다음에 육수를 부어 밥을 하는데 절대로 뚜껑을 덮으면 안 된다고 한다. 해물 육수와 해물이 어울려 깊고 부드러운 맛을 내는 파에야는 한 번 먹으면 자꾸 찾게 되는 음식이었다.

부르고스 거리

늦은 점심을 먹었으므로 저녁은 과일로 해결할 생각이었다. 돌아오는 길에 과일가게에 들러 제철인 스페인 체리와 청포도, 귤을 사서 숙소로 돌아왔다. 스페인은 우리나라보다 물가가 싸다. 과일 값은 더 싸다. 봄에는 체리가 제철이다. 부르고스 같은 큰 도시가 아니면 체리 1kg 정도에 1~2유로밖에 하지 않는다. 만약 봄에 산티아고를 간다면 체리를 실컷 먹으라고 권하고 싶다. 특히 싸게 느껴졌던 것 중에 또 하나는 소고기다. 피부로 느꼈던 소고기 값은 한우의 약 1/5~2/5 정도였던 것 같다. 한우도 맛있지만 스페인 소고기도 맛있다. 어느 나라에 가든 음식은 편견 없이 대하는 것이 좋다.

숙소로 돌아와 깨끗이 씻은 과일을 두 개의 비닐에 나누어 담았다. 그 중 한 개를 빈첸조 침대에 올려놓았다. 나갔다 돌아온 그가 과일 봉지를 보더니 감동스러운 표정을 숨기지 못했다. 내가 준 과일이래야 귤 한 개, 체리 약간, 포도 몇 알에 불과했다. 아마도 내가 받은 빵 한쪽의 감동처럼 그 역시 그랬던 것 같았다.

카미노에서는 감동받고 감사할 일이 참 많다. 어쩌면 카미노는 세상 안에 있는 또 다른 세상이다. 나이, 남녀, 국적, 지위고하, 빈부, 종교, 교육 정도 따위로 사람을 구분하지 않는 곳이다. 중요한 것은 열린 마음뿐이다. 따질 것이 없으니 누구나 어린아이처럼 친구가 된다. 마치 카미노 조가비를 달고 있는 사람들은 "나는 당신의 친구가 될 준비가 되어 있다."라고 말하는 것과 같다.

실내는 따뜻한 온기가 가득했고 침대는 넓고 안락했다. 내일 도시를 빠져나가기 위한 생각마저도 내 잠을 방해하지 못할 만큼 깊은 잠을 잤다.

다음날 출발이 늦지 않도록 서둘렀다. 다른 사람들에게 방해가 되지 않도록 6시까지 숨죽이며 침대에서 기다리다 6시 30분에 떠날 준비를 마쳤다. 이곳저곳에서 사람들이 출발하기 시작했다. 그때까지만 해도 빈첸조는 자고 있었다. 위층 침대칸을 쓰고 있는 나는 움직임이 더 조심스러울 수밖에 없었다. 칫솔질과 간단한 세면을 마치고 돌아오니 그사이 그도 출발 준비를 끝내고 있었다. 우린 서로에게 '부엔카미노'를 기원했다. 나는 배낭을 메고 그보다 앞서 서둘러 출발했다.

몸이 하는 말

엘시드의 도시이자 순례자들의 도시 부르고스는 아직 깨어나지 않은 푸른빛의 기운에 안겨 있었다. 노란 화살표의 방향을 따라 어제의 분위기와 또 다른 도시 사이로 발걸음을 옮겼다. 걸음을 멈추고 뒤돌아서서 성당과 도시를 눈에 담았다. 언제 왔는지 빈첸조가 내 뒤에서 걷고 있다가 따라 발걸음을 멈췄다. 그런데 그의 배낭이 어제 내가 본 커다란 배낭이 아니었다. 내가 묻자 그가 말했다.

"대중교통을 이용해서 이동하는 날을 제외하고는 큰 배낭은 택시로 보내고 작은 배낭에 최소한의 물건만 넣고 다녀."

어리석은 나는 상황에 따라서 선택을 할 권리가 있음에도 기어이 모든 짐을 짊어지고 날마다 아니 매초 아픈 어깨와 씨름하며 가는 중이었다. 무리라는 것을 알면서도 내가 짊어져야 할 당연한 것으로 여겼다.

삶에서도 그랬다. 감당할 수 있는 것만큼 만하면 되는데 늘 그 이상이 되고 싶었다. 오지도 않은, 일어나지도 않을 것들을 염려했다. 선택할 수 있는 기회가 올 때마다 '오늘'을 포기하고 '내일'을 선택했다.

카미노에서는 사람들 모두가 몸을 아끼지 않는다. 무슨 이유에선지 몸이 말하는 소리를 소홀히 듣는다. 때로는 그것이 마치 순례자의 훈장인 것처럼 생각한다. 물집이 잡혀 발바닥이 너덜너덜해져도, 발톱이 빠지고 무릎에 염증이 생겨 퉁퉁 부어도, 골절이 되어도 절뚝거리며 걷고 또 걷는다. 카미노가 생의 마지막 길인 것처럼 걷는다. 나도 그랬고 다른 사람도 그랬다. 젊을수록 더 그랬다. 몸이란 한 번 상하면 정상적인 회복이 어렵다는 것을 깨닫기에는 그들의 열정이 너무 뜨거웠다. 세상에 그 어떤 것이든 건강을 해치고 몸을 망치면서까지 얻어야 하는 것은 없다. 더구나 나를 만나는 길에서 내 몸을 돌보지 않고 위험한 상황에 던지는 행위는 칭찬받을 일이 아니다. 카미노는 생의 마지막 길이 아니다. 이 땅에서 당당하게 서기 위해 걷는 길이다.

빈첸조를 앞서 보내고 나는 길가에 있는 카페에서 간단히 빵과 커피를 먹었다. 이 날의 목적지 오르니요스 델 카미노Hornillos del Camino까지는 비교적 짧은 20㎞인 것을 생각하며 여유를 부렸다. 물론 광활한 메세타의 길목에 들어서는 날이라 부담이 없는 것은 아니었으나 다른 날에 비하면 한결 가벼운 일정임에 틀림없었다. 식사를 끝내고 나오자 한 무리의 순례자들이 걸어 왔다. 나는 그들의 뒤를 따랐다.

그중 앞서 걷고 있는 사람이 자연스럽게 리더가 되어 번잡한 도시로부터 무리를 이끌었다. 길을 잘못 들어서 가던 길을 되돌아오기는 했으나 그들 덕분에 신경 쓰지 않고 시내를 무사히 빠져 나올 수 있었다. 시내를 벗어나자 무리는 자연스럽게 흩어졌다. 시내를 빠져 나오는데 꽤 긴 시간이 필요했다.

나는 이날 걷는다는 것이 얼마나 정직한 것인지 새삼 깨달았다. 걷는 동안 뇌는 최소한의 정신적 활동만 할 뿐이었다. 뇌도 다리나 혹은 눈처럼 쉴 수 있는 우리 몸의 기관이라는 것을 처음으로 알게 되었다. 걷는 것 이외에 어떤 잡념도 없는 가벼운 발걸음은 콧노래를 흥얼거리게 했다. 나는 자주 뒤를 돌아보았다. 걸어 온 길을 눈으로 확인하는 것은 여러 가지 의미가 있었다. 현재의 인생도 언젠가 뒤돌아보게 될 것이다. 그때 아름답다 말하기 위해 지금 여기에 있다.

중국 작가 위화가 1993년 7월에 쓴 『인생』의 서문에는 다음과 같은 내용이 나온다.

> 이 소설에서 나는 사람이 고통을 감내하는 능력과 세상에 대한 낙관적인 태도에 관해 썼다. 글을 쓰는 과정에서 나는 깨달았다. 사람은 살아가는 것 자체를 위해 살아가지, 그 이외의 어떤 것을 위해 살아가는 것은 아니라는 사실을.

이 말이 유독 마음에 와 닿았다. 사는 것이 버겁게 느껴질 때마다 이 말이 위로가 되었다. 무능력하게 살았던 어제도, 자괴감에 혹은

메세타 평원

우울의 숲에서 헤맨 것도 살기 위한 것이었으므로 소중한 인생이었다고 위안하게 만들었다.

메세타의 가장 높은 봉우리를 지나자 초록 밀밭이 펼쳐졌다. 어디서부터인지 빈첸조와 나는 함께 걷고 있었다. 오르니요스 델 카미노를 다 와 갈 무렵 아침부터 낮게 드리운 구름이 끝내 비바람을 뿌리기 시작했다. 그러나 비가 온다고 걸음을 재촉할 이유는 없었다. 비가 가장 비 대접을 받지 못하는 곳이 카미노다. 카미노를 걷고 있는 순례자들에게 비는 해와 같은 존재일 뿐이다. 해가 당연히 떠 있는 것처럼 비도 오면 당연히 맞는다.

인생도 카미노를 걷는 것과 같은 마음으로 대할 수 있으면 좋겠다. 좋은 것이 있다고 자랑할 일도 괴로운 일이 있다고 상심할 일도 없을 것이다. 왜 유독 인생에서는 늘 해가 쨍쨍하기만을 바라는 것일까.

얼마 지나지 않아서 지자체 호스텔 오르니요스 델 카미노에 도착했다. 알베르게는 소박한 고딕 양식의 성당 산 로만San Roman 바로 앞에 있었다. 기온은 떨어졌고 비는 멈추지 않았다. 숙소 문이 열리기를 기다리는데 이가 저절로 부딪칠 만큼 날씨가 차가웠다. 몹시 추웠던 기억밖에 어떻게 숙소로 들어갔는지 무엇을 먹었는지 지우개로 지운 듯이 하얗다. 다만 그날 저녁 어깨와 무릎이 몹시 아파 한기를 느끼며 몸살을 앓았던 기억만 어렴풋하다.

온타나스로 향하고 있는 빈첸조

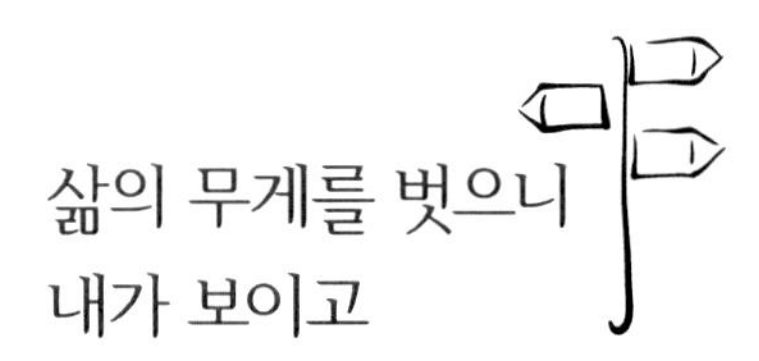

삶의 무게를 벗으니 내가 보이고

이튿날, 길을 나서기 전에 빈첸조에게 내 배낭을 택시로 옮겨 줄 것을 부탁했다. 그는 택시 회사에 전화를 걸어 배낭을 옮길 것을 알렸고 봉사자에게 2개의 봉투를 받아왔다. 그 중 한 개의 봉투에 내 여권 번호와 이름, 핸드폰 번호, 배낭이 도착할 알베르게를 기재했다. 돈을 넣어 봉한 다음 배낭에 매달았다. 배낭을 하나 붙이는 데 드는 비용은 7유로였다. 우리는 봉사자가 지정한 곳에 배낭을 세워 놓았다. 어제부터 내리던 비는 아침까지 계속 내렸다. 그는 작은 배낭을, 나는 힙색을 매고 비옷을 걸친 다음 출발했다. 배낭 없이 걸으니 마치 날개를 단 듯 발걸음이 가벼웠다. 먼저 어깨의 통증에서 해방되었다. 무릎도 편안해졌다. “너는 가방 때문에 키가 점점 작아져

택시로 실어 보낼 배낭

서 산티아고 데 콤포스텔라까지 도착하면 납작 오징어가 될 거야!"라고 놀리던 노인의 말이 생각났다.

걷기 시작한 지 열흘이 지나고 있었다. 이 날은 프랑스 카미노 메세타의 심장 깊숙이 들어가는 날이었다. 메세타는 자연을 정면으로 마주해야 하는 곳이다. 해를 피해 잠시 쉬어갈 곳도 비가 멎기를 기다릴 곳도 없으니 충분한 식수를 준비하고 떠나야 하는 길이다. 뜨거운 해를 머리에 이고 걷는 것보다 오늘 비 오는 메세타가 차라리 나을 것이라 생각했다. 그러나 비 오는 메세타에도 복병은 있었다. 바로 메세타의 진흙길이었다. 찰떡처럼 신발을 붙잡고 늘어지는 진흙 때문에 한 걸음 한 걸음이 평소보다 몇 배나 힘이 들었다. 길 곳곳이 웅덩이였다. 웅덩이를 피할 수 있는 둑길조차 밀·물·진흙의 삼중주로 이미 미끄럼틀로 변해 있었다. 앉아서 잠시 쉬고 싶어도 젖어 있는 길에서 쉴 곳은 없었다. 몇 시간을 그렇게 걷다보니 생리적인 현상도 참는 데 한계가 왔다. 그렇게 끝이 없을 것 같은 진창길이 끝나니 아스팔트길이 나왔다. 도시의 아스팔트를 피하기 위해 애쓰던 기억은 어디에도 없고 아스팔트길이 참으로 반가운 날이었다.

시간이 흐를수록 나는 내 걸음의 속도를 찾고 있었다. 어제까지도 빨랐다 느렸다 하는 걸음은 적당한 보폭과 속도로 안정되어 갔다. 쉬는 횟수도 줄었다. 신발이 내 발에 최적화되었다는 사실도 그때서야 알았다. 더 이상 신발을 벗어 통풍을 시킬 필요가 없었다. 내 몸이 카미노에 적응되어 가는 중이었다. 빈첸조와 함께 걷는 동안은 걷는 것 이외에 아무것도 신경 쓸 필요가 없었다. 그는 내 보행 속도에 맞추며 조용히 함께 걸을 뿐이었다.

나는 내 가족들에게 어떤 동행이었을까. 내가 사랑하는 사람들이 스스로 선택하고 그 선택을 믿고 나아갈 수 있도록 가만히 발걸음을 맞추며 걸어 주었던가. 그들을 위한다는 마음으로 내 뜻에 따라와 주기만을 바라지는 않았던가. 내 발자국 위로 깊은 반성을 내려놓았다.

우리는 아무 질문도 하지 않았다. 이곳에 오는 모든 사람들이 인사 다음으로 서로에게 묻는 말이 있다. "어느 나라에서 왔니?" 그 다음은 "여기 왜 왔니?"다.

우리는 그 말조차 약속이나 한 듯이 서로 묻지 않았다. 낯선 사람과 낯선 길을 걷고 있는데도 낯설지 않는 시간이 흘렀다. 바로 산티아고 가는 길 위에 우리가 있었다.

집 앞 나무 벤치와
붉은색 문에 눈길이 머문다.

카페에서 쉬어 가는 순례자들

알베르게 창문으로 내다 본 마을

부엔카미노!

빈첸조와 걷기 시작하면서 약간 부담스러웠던 일은 여러 나라의 친구들과 어울려 함께 식사를 하는 것이었다. 내가 그들의 수다에 끼어 즐거움을 느끼기에는 언어적인 한계도 있었고, 또 하루의 지친 몸을 저녁을 먹으며 조용히 쉬고 싶었기 때문이었다.

이날 역시 저녁을 먹기 위해서 바 문을 열고 들어서자 친구들과 앉아 있던 빈첸조가 큰소리로 불렀다. 나는 못 들은 척했다. 그러자 그가 바의 왁자지껄한 분위기에 편승된 목소리로 다시 불렀다. 망설이는 나를 보자 비어 있는 의자를 손으로 두드리며 빨리 오라는 몸짓을 했다. 더 이상 거절도 못하고 친구들과 다시 한자리에 앉았다.

바는 특별한 장식을 한 것은 아니지만 소박한 인테리어와 시간이 앉아 따뜻한 곳이었다. 귀에 익숙한 올드 팝도 흘러나왔다. 사람이 없는 조용한 곳을 찾아온다고 숙소에서 좀 먼 곳으로 왔는데 이렇듯 사람들로 북적였다. 알고 봤더니 친절한 직원들의 서비스와 맛있는 음식으로 유럽인들 사이에선 이미 소문이 난 곳이었다. 동양인은 나 혼자뿐이었다.

나는 젊은 아일랜드인 사라와 영국인 여성 캐시 그리고 독일인 남자 요하네스, 빈첸조와 함께 홀의 한가운데 둥근 식탁에 둘러앉았다. 분위기 때문인지 음악 때문인지 모두들 조금씩 목소리들이 높아지고 웃음소리도 커져 갔다. 빈첸조와 사라가 이야기에 빠졌고 우리는 둘의 이야기를 경청했다. 사라는 뛰어난 미모를 가진 젊은 여성이었는데 이곳으로 떠나오기 얼마 전에 이혼을 했단다. 앳된 미모에 어울리지 않는 어두운 얼굴로 연거푸 시가를 피우던 이유가 그것 때문이었을까. 사라 바로 옆에 앉은 요하네스는 둘의 이야기에 신경 쓰지 않고 샐러드에 소금을 과하게 뿌려댔다. 그 모습 때문에 이야기는 중단되었고 모두 염려스러운 눈빛으로 요하네스를 쳐다보았다. 이미 소금과 올리브유로 간을 한 샐러드에 소금을 자꾸 뿌렸다. 캐시가 샐러드 접시를 들어 올리지 않았다면 요하네스는 소금을 통째로 들이부을 참이었다. 결국에 요하네스는 자기 앞 접시에 있는 샐러드에만 소금을 뿌려 먹기 시작했다. 아, 그건 더 이상 음식이 아니었다. 그 때문에 분위기마저 이상해져 가고 있었다. 그때 분위기를 바꾸려는 듯 캐시가 말했다.

"레아, 우리가 알 만한 한국 노래 있으면 알려줘."

캐시는 배려심이 많은 여성이었다. 어설픈 내 영어 실력을 대단하다 치켜 세워주며 자기는 다른 나라 말을 하나도 못한다던 친구였다.

"음, 내가 노래를 잘 몰라서…."

원래 아는 노래도 없었지만 갑작스런 질문을 받고 보니 더 기억이 나지 않았다. 결국 온 세계를 들썩이게 한다는 노래 '강남 스타일'밖에 생각이 나지 않았다.

"지금 기억나는 건 강남 스타일밖에 없어"

"오! 강남 스타일, 나 그 노래 정말 좋아하는데."

그러자 나이가 많은 요하네스와 빈첸조는 뭔지도 모르고 어리둥절해 했다. 그러는 사이 사라와 캐시는 '오빤 강남 스타일'을 부르며 일어나 말춤을 추기 시작했다. 그러자 바에 있던 다른 몇몇의 사람들이 그 광경을 구경하는가 싶더니 '오빤 강남 스타일'을 따라 부르며 하나둘씩 일어나 말춤을 추기 시작했다. 바 안은 졸지에 강남스타일을 부르며 뛰는 말들 때문에 웃음바다가 되었다. 그때 캐시가 큰 소리로 외쳤다.

"우리 모두 건배합시다. 부엔카미노!"

그러자 바 안에 있던 사람들이 모두 일어서서 합창하며 잔을 들었다.

"부엔카미노!"

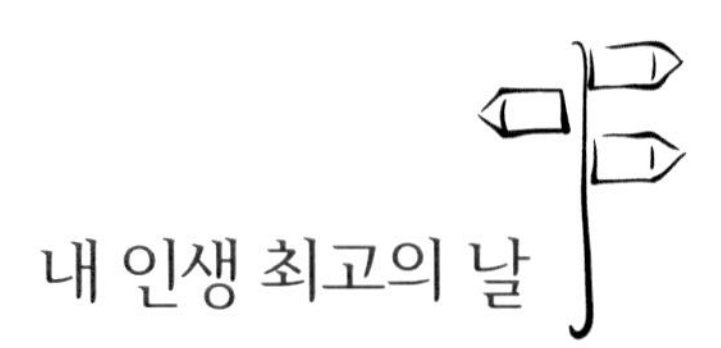

내 인생 최고의 날

2013년 5월 21일, 생장을 출발한 지 2주째다. 카스트로헤리스Castrojeriz에서 출발해서 프로미스타 도착 예정인 이날은 빈첸조와 3일째 동행이었다. 뜨거운 해를 피할 곳도 휴식을 취할 바도 마땅하지 않는 인적이 드문 메세타를 걷는 코스였지만 나는 메세타가 좋았다. 높은 곳에 올라 아름다운 경치를 보는 것도, 고즈넉한 숲길을 걸으며 깊은 사색을 하는 것도, 한적한 시골 마을을 호기심으로 지나치는 길에서도 뭔지 모를 두려움이 있었다. 그러나 메세타는 눈앞에 길이 다 보이니 그런 염려는 하지 않아도 되었다.

어쩌면 메세타는 평범한 사람들의 일상과 같다. 눈앞에 훤히 보여서 크게 나쁠 것도 크게 좋아질 것도 없는 뻔해서 지겨운 인생처럼 말이다. 뻔하고 평범한 인생 그것이야말로 내가 가장 바라는 모습이

다. 나는 '오늘(지금)이 내 인생에 최고의 날이다!'라는 말을 좋아한다. 이 말이 주는 메시지를 내 마음대로 해석하면 오늘 이후에 일어나는 모든 일에 감사할 수 있다.

왜? 어제 최고의 날을 이미 보냈으니까. 조금이라도 더 좋은 일이 있다면 어제보다 좋아져서 감사하고, 만약 좋지 않은 일이 생긴다 하더라도 어제 이미 최고의 날을 보냈기 때문이다. 평범한 오늘이 내 인생에 가장 행복한 날인 것을 이 나이가 되고서야 겨우 깨달아 가고 있는 중이다.

한참을 말없이 앞서가던 빈첸조가 뒤따라 걷고 있던 내 발걸음에 맞추더니 물었다.

"레아, 너는 왜 이곳에 왔니? 나는 부모님과 오랜 친구들을 기리기 위해 왔어."

그의 말에 나는 망설이지 않고 대답했다.

"나? 밥하기 싫어서."

"밥하기 싫어서? 왜, 무슨 일이 있었어?"

나는 '산다는 것이 다 무슨 일이지'라는 뜻을 담아 말했다.

"Life is nothing special, but can be special."

이해하지 못한 그가 다시 물었다. 나는 똑같이 대답했다. 어차피 나도 이해 안 되는 말을 하고 있었으니까. 그러고 보면 정말 산다는 것 자체가 다 무슨 일이다.

"당신이 365일 밥을 해 줬어?"

남편이 이 말만 하지 않았어도, 떠날 용기를 내지 못했을 것이다.

생각 없이 던진 남편의 말은, 가슴에 묻었기에 더 깊어진 상처를 두레박을 던져 길어 올리는 격이었다. 그러나 지금은 그런 말을 한 남편이 고맙기까지 하다. 그렇지 않았다면 나는 또 떠나지 못하고 꿈속에서나 산티아고를 걷고 있을 것이다. 그래도 남편에게 한마디 하고 넘어 가야겠다.

"이보시오 남편, 돈을 받고 일을 하는 가사 도우미도 365일 밥을 하지는 않아요. 한 번만 더 그런 말 하면 그땐 정말 밥 안 준다!"

프로미스타 운하

프로미스타Prómista에 다 와 갈 무렵, 익숙한 옷을 입고 절뚝거리며 걷고 있는 낯익은 모습이 보였다. 산토 도밍고 데 라 칼사다에서 헤어진 M이었다. 이 길이 끝날 때까지 만나지 못할 줄 알았는데 메세타의 길 위에서 다시 만난 것이다.

절뚝거리는 다리는 침대에서 떨어져 근육이 경직되었기 때문이라고 했다. 하긴 이층 침대에서 떨어져 뼈를 다쳐 집으로 돌아간 사람 이야기를 들은 적이 있었다. M을 만나고 오다가 또 다른 한국인 여성 J를 만났다. 그녀와는 몇 번 눈인사를 한 적이 있었지만 한 번도 말을 섞지는 않았다. 그런 그녀가 우리를 보자 무척이나 반갑게 다가왔다. 나와 빈첸조는 그녀를 가운데 두고 걷기 시작했다.

시간은 12시를 넘어서고 내리쬐던 태양은 검은 구름에 못 이겨 한두 방울 비를 뿌리기 시작했다. 여기까지 오면서 겪었던 그녀의 이야기는 3일 동안 다른 나라 말을 듣거나 혹은 말하기 위해서 신경을 써야 하는 일이 없어져서 그것만으로도 속이 다 시원했다. 그녀의 이야기는 계속되었다.

"세상에 태어나서 처음으로 뼈저린 고독을 경험했어요. 한국에 있을 때도 늘 외로웠는데 여기서는 인간의 본질적 외로움을 만난 것 같아요. 이제 집으로 돌아가면 새롭게 시작할 수 있을 것 같아요."

상대방이 말하지 않는 것은 묻지 않는 내 개똥철학을 고수하느라 나는 아무것도 묻지 않고 그녀의 이야기를 듣기만 했다.

그녀가 다시 말했다.

"혹시 고독 아세요? 제가 참 좋아하거든요."

"어떤?"

"아, 백석의 시 「고독」이요."

"아니요, 전 모르는데요."

"제가 한 번 읽어 드려도 괜찮을까요?"

그녀가 스마트폰을 꺼내 만지작거리더니 "들어 보실래요?" 하더니 읽기 시작했다.

나는 고독과 나란히 걸어간다
휘파람 호이 호이 불며
교외로 풀밭길의 이슬을 찬다

문득 옛일이 생각키움은 — 그 시절이 좋았었음이라
뒷산 솔밭 속의 늙은 무덤 하나
밤마다 우리를 맞아 주었지만 어떠냐!

그때 우리는 단 한 번도
무덤 속에 무엇이 묻혔는가를 알려고 해본 적도 느껴 본 적도 없었다
떡갈나무 숲에서 부엉이가 울어도 겁나지 않았다

그 무렵 나는 인생의 제 일과(第一課)를 즐겁고 행복한 것으로 배웠다
나는 고독과 나란히 걸어간다
하늘 높이 단장(短杖) 홰홰 내두르며
교외 풀밭길의 이슬을 찬다

그날 밤
성좌(星座)도 곱거니와 개구리 소리 유난유난 하였다
우리는 아무런 경계도 필요 없이 금모래 구르는 청류수(淸流水)에

몸을 담갔다
별안간 뇌성벽력이 울부짖고 번갯불이 어둠을 채질했다
다음 순간 나는 내가 몸에 피를 흘리며 발악했던 것을 깨달았고
내 주위에서 모든 것이 떠내려갔음을 알았다

그때 나는 인생의 제 이과(第二課)를 슬픔과 고적(孤寂)과 애수를 배웠나니
나는 고독과 나란히 걸어간다
깃(旗)폭인 양 옷자락 펄펄 날리며
교외 풀밭길의 이슬을 찬다

낙사랑(絡絲娘)의 잣는 실 가늘게 가늘게 풀린다
무엇이 나를 적막의 바다 한가운데로 떠박지른다
나는 속절없이 부서진 배(船) 조각인가?

나는 대고 밀린다
적막의 바다 그 끝으로
나는 바닷가 사장(沙場)으로 밀려 밀려 나가는 조개껍질인가?
오! 하늘가에 홀로 팔짱 끼고 우-뚝 선 저-거무리는 그림자여……

조금은 수다스러운 말투와는 달리 시를 읽는 목소리는 청아하고 차분했다. 시도 참 좋았다. 그녀가 처음 백석의 「고독」을 만났을 때는 어떤 마음이었는지 알 수 없지만, 이제 「고독」은 그녀에게 위로가 되는 것 같았다.

그냥 그녀의 목소리에서 그렇게 느껴졌다. 쉬어 가겠다는 그녀를 두고 나와 빈첸조는 얼마 남지 않는 프로미스타로 발걸음을 옮겼다.

이별 소나타

수녀원에서 운영하는 알베르게에서 M을 다시 만났다. 우리는 같이 점심 겸 저녁을 해 먹기로 했다. M은 지금까지 한 번도 음식을 해 먹은 적이 없다고 했다. 마트에 가서 며칠 전 경험을 살려 고기와 송이버섯, 샐러드 야채와 드레싱까지 사서 돌아왔다. 마침 주방에 다른 사람이 두고 간 쌀이 있었다. 카미노에서 처음 해 먹는 쌀밥이었다. 푸짐한 식사를 차려 빈첸조와 함께 먹었다. 밥알 하나 남기지 않고 맛있게 먹은 그릇은 그에게 설거지를 맡기고 그녀와 나는 휴식을 청했다.

저녁은 그와 친구들이 만든 파스타를 먹었다. 빈첸조는 내일 떠날 길에 대해 이야기를 나누고자 나를 찾아왔다. 그와 동행한 3일이 편안하고 따뜻한 길이었지만 이제는 나만의 길을 걸어야 할 때가 된

순례자들을 위한 모임을 주관하고 있는 수녀님들

것 같았다.

"빈첸조, 미안하지만 나는 이제 너와 함께 못 가. M이 다리를 다쳐서 함께 가야 될 것 같아."

혹시나 함께 가지 않겠다는 내 말에 서운할까 싶어 M 핑계를 댔다.

"상관없어. 나도 너희들과 같이 갈게."

내가 혼자 가고 싶어 하는 줄 전혀 모르는 그는 다친 M을 돌보면서 당연히 함께 가야한다고 생각했다. 눈빛만 마주쳐도 친구가 되는 카미노이긴 하지만 고작 3일을 동행한 그와의 이별이 어렵다. 나는 내 의사를 전할 수밖에 없었다.

어두운 얼굴을 하고 침대로 돌아간 그의 모습 때문에 덩달아 내 기분도 가라앉았다. 저녁 시간 수녀님들과 순례자들이 모두 모여 인사도 하고 노래하는 자리에서도 그는 시무룩한 얼굴로 앉아 있었다. 다음 날 길을 나서기 전에 인사를 하려고 그의 침대로 찾아갔지만 그는 이미 떠나고 없었다. 아직 푸른 여명이 길을 터주기도 전이었다.

서두르는 M을 보내고 다시 혼자가 되어 길 위에 섰다. 스스로 원한 길이건만 그사이 사람에게 의지하고 함께 걷던 길에 익숙해졌는지 혼자 걷는 길이 쓸쓸했다. 「고독」이 J씨의 목소리와 함께 머리에 자꾸 맴돌았다.

아침 해는 눈부시게 차오르고 어느새 종류를 달리한 들꽃이 함께 걸었다. 구름한 점 없는 푸른 하늘에는 심심치 않게 새가 날고, 가끔씩 흥얼거리며 노래를 부르고 사진도 찍으면서 걸었다. 고독을 안은 대신 자유를 얻었다. 태양은 점점 열기를 더했다. 잠시 숨을 곳도 찾지 못하고 몇 시간을 쉬지 않고 걸었다. 다시 짊어진 배낭이 어깨를 괴롭히고 그것만큼 순례의 무게가 더할 즈음, 하얗게 마른 땅 위에 한두 방울 물이 떨어졌다. 땀인 줄 알았더니 눈물이었다. 울지도 않았는데 눈물이 나왔다. 우는 줄 몰랐는데 울고 있었다. 나도 모르게 흥얼거리던 노래 탓이었다. 그 노래란 것이 전문을 다 기억조차 못하는 김소월의 시 「초혼」이었다. 백석의 「고독」 때문이었다. 고독이 초혼을 부른 것이다.

한 번 흐르기 시작한 눈물은 멈춰지지 않았다. 구름 한 점 없는 스페인 하늘 아래 태양을 이고 걸으며 결국에 나는 목 놓아 울고 말았다.

산산이 부서진 이름이여!
허공중에 헤어진 이름이여!
불러도 주인 없는 이름이여!
부르다가 내가 죽을 이름이여!

심중에 남아있는 말 한마디는
끝끝내 마저 하지 못하였구나.
사랑하던 그 사람이여!
사랑하던 그 사람이여!

붉은 해는 서산마루에 걸리었다.
사슴이의 무리도 슬피 운다.
떨어져나가 앉은 산 위에서

나는 그대의 이름을 부르노라.

설움에 겹도록 부르노라.
설움에 겹도록 부르노라.
부르는 소리는 비켜가지만
하늘과 땅 사이가 너무 넓구나.

선 채로 이 자리에 돌이 되어도
부르다가 내가 죽을 이름이여!
사랑하던 그 사람이여!
사랑하던 그 사람이여!

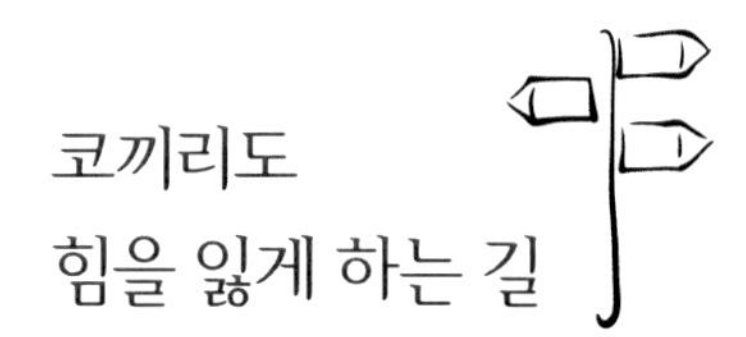

코끼리도 힘을 잃게 하는 길

몇 년 전이었다. 우울의 시간이 지속되는 날이었다. 남편이 원주 출장길에 동행할 것을 청했다. 나를 위해 애쓰는 마음이 고마워서 따라 나섰다. 그가 업무를 보는 동안 나는 근처 서점에 들러 두 권의 책을 샀다. 한 권이 김연수의 『산책하는 이들의 다섯 가지 즐거움』이었다. 이 책을 선택한 이유는 이상문학상 대상 수상작 선정 이유에 있는 내용 때문이었다.

소설 『산책하는 이들의 다섯 가지 즐거움』은 인간의 내면에 존재하는 본원적인 고통의 의미를 '코끼리'라는 상징을 통하여 텍스트 내에서 다양한 방식으로 조명하고 있다.

막 내린 뜨거운 커피를 받아 들고 원주시의 중앙 도로가 한눈에 보이는 서점 소파에 앉았다. 김연수의 코끼리를 무릎 위에 앉히고 빠르게 지나가는 차들과 그에 못지않게 바쁘게 지나가는 사람들을 의미 없는 시선으로 구경하고 난 뒤, 정답을 찾듯이 첫 책장을 넘겼다.

짧은 시간에 척척

석 달 조금 못 되게. 불면의 밤을 보내면서 그는 곤충들이 부럽다는 결론에 이르렀다. 예컨대 지네는 다리 열 개를 잃고도 다리가 없어졌다는 사실을 모른 채 그냥 도망간다.('어쩌면 다리가 너무 많은 것일 지도'.) 베짱이는 다른 포식자에게 지기 몸이 씹히는 와중에도 열심히 먹이를 먹는다.('이것 역시 배가 너무 고파서') 교미가 끝난 수컷 사마귀는 암컷에게 머리가 먹힌 뒤에도 도망갈 생각도 하지 못한 채, 사랑에 열중한다.('하긴 어렸을 때, 동네에 그런 아저씨가 있다는 소문을 들은 적도 있었지. 누군가 목을 잘랐어도, 아마 그 사람이라면…')

"그것들에게는 통증이 없기 때문이지. 그걸 단순히 통증이라고 할 수 없겠지. 그건 고통이라고 불러야만 해."

…중략…

"내가 이걸 던지면, 과연 선생님이 이 공을 받을 수 있을까 궁금해서 말입니다."

"한번 던져보세요. 웬만한 건 제가 다 받을 수 있으니까."

코끼리가 두 팔을 벌리면서 말했다. 그는 오른 손을 들고 코끼리에게 뭔가를 던지려는 시늉을 하다가 팔을 내려놓았다.

"아니, 왜요?"

코끼리가 말했다.

"이걸 선생님이 어떻게 받겠어요. 제 건 지구만 한데."

행복은 자주 우리 바깥에 존재한다. 사랑과 마찬가지로. 하지만 고통은 우리 안에만 존재한다. 우리가 그걸 공처럼 가지고 노는 일은, 그러므로 절대로 불가능하다.

…중략…

그렇게 많은 사람들이 존재하는데도 그가 말하는 실제적인 고통을 온전하게 느낄 수 있는 사람이 하나도 없다는 자각에 이른다는 점에서 말이다. 그가 지구를 던진다고 해도 사람들이 받는 건 저마다 각자의 공일 것이다.

그렇다. 행복은 내 안에 두지 않기 때문에 행복한 순간에도 불안하다. 고통은 아주 작은 것이라도 빗장까지 걸어서 안에 가두고 먹이고 키워서 점점 자라게 한다. 김연수는 그것을 코끼리로 표현했다. 그렇지 않아도 안에서만 머무는 고통을 키우기까지 했으니 통제가 불가능하다.

카미노를 걷는 동안에는 코끼리에게 먹이를 줄 시간도 먹일 것도 없다. 내 한 몸 감당하기도 벅찬 하루다. 생각해 주지도 않고 먹을 것도 없는 코끼리는 힘을 잃게 된다. 내 속에 있는 코끼리(고통)를 완전히 덜어낼 수는 없다 해도 내가 통제할 만큼 힘을 잃게 만들 수는 있다.

알베르게 정원

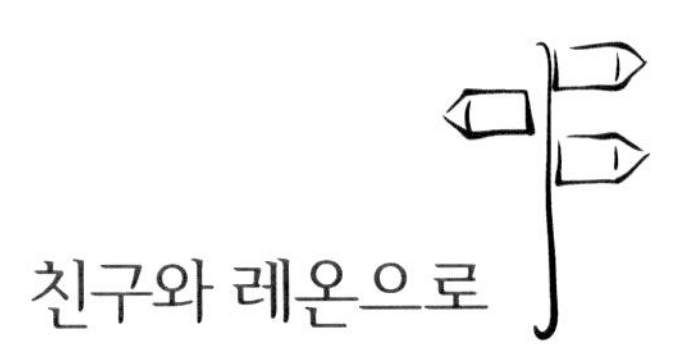

친구와 레온으로

프로미스타에서 카리온, 레디고스를 지나 사아군에 이르는 60km의 거리를 이틀 동안 정신없이 걸었다. 그래서인지 그 길에서의 기억은 연결고리가 없다. 강렬한 태양만큼은 지금도 머리 위에 있는 듯 어지럽게 느껴진다. 사아군에 이르기 전 쓰러질 듯 찾아든 산 니콜라스 델 레알 카미노San Nicolas del Real Camino 마을 광장 바에서 긴 시간 휴식을 취했다. 태양과 피로를 피해 그늘을 찾아드는 두세 명의 순례자를 제외하면 개미조차 숨죽이는 적막한 고요뿐이었다. 길을 걸을 때면 몸과 별개로 마음은 언제나 저만치 앞서거나 아니면 과거의 어느 시간에서 헤매곤 했다. 그러나 이때만큼은 그 마음조차 뜨거운 태양에 바싹 말라 버렸는지 참으로 오랜만에 몸과 마음이 함께 움직이고 있다는 일체감이 들었다.

마을 광장

산 니콜라스 델 레알 카미노에서 휴식을 하고 다시 사아군을 향해 걷던 중이었다. 그저께와 어제 이틀 동안 한 숙소에서 머물렀고, 오늘도 앞서거니 뒤서거니 걸었던 독일 여성 로이를 만났다. 그녀도 사아군이 목적지였다. 우리는 함께 걸으며 숙소를 찾았다. 우리가 찾는 숙소는 보이지 않았고 마을 중심에 있는 클루니Cluny 지자체 호스텔의 순례자 동상이 우리를 반겼다. 그녀는 한 번 더 무니시팔을 찾아보겠다고 떠나고 나는 클루니를 숙소로 정했다.

클루니 1층에는 안내소와 큰 강당(성당인지도 모르겠다)이 있었다. 알베르게는 계단을 올라 2층에 있었다. 알베르게로 올라와 짐을 풀고 그대로 드러누웠다. 원하는 곳을 찾지 못했다며 돌아온 로이가 내 옆 침대에 짐을 풀었다. 그 모습을 보다가 그대로 잠이 들어 버렸다.

사람의 인기척에 눈을 떴더니 로이가 뭘 좀 먹자는 시늉을 하며 날 쳐다보고 있었다. 우리는 밖으로 나와 알베르게 앞 큰길가에 있는 마켓에서 먹을거리를 사 들고 돌아왔다.

손가락 끝 하나 움직일 힘이 없는 나는 통조림 캔을 안주 삼아 시원한 맥주로 배를 채웠고 로이는 국물 있는 파스타를 해 먹었다. 나도 그녀도 서로의 음식에 코를 박고 먹기만 했다. 1층 강당에서는 축제를 준비하는지 여학생들의 합창 소리가 2층 구석구석을 뒤흔들었다. 그것도 '오빤, 강남 스타일'이다. 새삼 음악의 힘이 대단하다 싶었다. 정작 나는 그 노래를 끝까지 들어본 적이 없었다. 샤워를 끝내고 건물을 뒤 흔드는 '강남 스타일'을 자장가 삼아 깊은 잠에 빠져 들었다.

클루니 알베르게

새벽이 되자 원하지 않아도 저절로 잠이 깼다. 눈꺼풀조차 무게감이 느껴질 정도로 몸 상태가 좋지 않았다. 움직임 없이 계속 잤는지 몸에 쥐가 났다. 뒤척이고 싶어도 그 힘조차 남아 있지 않았다. 옆자리 로이가 떠날 준비를 하다가 걱정스러운 얼굴로 물었다.

"난 오늘 기차를 타고 레온으로 들어가. 너도 나와 같이 기차 타고 레온으로 들어가지 않을래?"

나는 고민에 빠졌다. 레온으로 들어갈 때에 대중교통을 이용할 생각이긴 했어도 사아군에서가 아닌 만시야 데 라스 물라스Mansilla de las Mulas 정도일 것이라 계획했기 때문이었다. 그러나 고민은 길게 할 필요가 없었다. 고민이란 두 개를 다 얻으려고 할 때 생기는 것이다. 카미노에서는 어울리지 않는 일이다. 마음이 시키는 대로 움직일 뿐이다.

"나는 스페인에서 기차를 타 본 적이 없어. 미안하지만 네가 날 좀 도와줄래?"

"물론이지."

기차를 탄다는 말에 힘을 내어 짐을 꾸려 그녀와 함께 나섰다.

알베르게에서 걸어서 한 10여 분 거리에 있는 아담한 사하군 역에 도착하자 아는 사람의 얼굴이 보였다. 바에서 음식을 주문할 때 몇 번 도와준 스페인 친구도 있었고, 빈첸조와 함께 저녁을 두 번이나 먹었던 미국인 캐시도 만났다. 캐시와 나는 얼싸안고 서로의 안부를 물었다. 캐시는 내게 당연하게 빈첸조의 안부를 물었지만 나 역시 알

사아군 기차역

수 없는 일이었다. 캐시와 로이 그리고 나는 사아군 역내에 있는 작은 바에 들어가서 커피를 마셨다.

레온으로 가는 기차를 타는 데는 예약이 필요하지 않았다. 역 창구에서 불과 몇 유로의 동전을 주고 열차표를 끊었다. 지정 좌석은 없고 아무 데나 원하는 좌석에 앉아서 갈 수 있었다. 기차는 30여 분 만에 레온에 도착했다.

레온은 기원전 1세기 로마 군대에 의해 건설된 도시다. 아름다운 스테인드글라스로 잘 알려진 레온 성당을 비롯하여 산이시도르 성당, 가우디의 건축물 보티네스 등 유적이 많은 곳이다. 순례 당시에는 알지 못했으나 최근 보도에 의하면 산이시도르 성당에서 '최후의

사아군 역 카페

기차를 기다리는 순례자들

만찬'에서 사용된 예수 그리스도의 성배가 발견되었다고 하니 가톨릭 순례자들에게는 더 의미 있는 장소가 될 것 같다.

규모가 커서 쉽게 찾을 거라고 생각했던 레온 성당도, 성당 옆에 있는 알베르게도 관광안내소에서 자세한 설명을 듣고서야 찾을 수 있었다. 알베르게는 아직 문을 열지 않았고 나와 로이는 근처 바에서 차를 마시며 기다렸다. 로이가 점퍼 주머니에서 낡은 공책과 필기도구를 꺼내 작은 글씨로 공책을 빼곡하게 채웠다. 아침에 사아군 열차 역 카페에서도 열심히 적던 그 공책이었다. 나는 산티아고 가는 길에서 누군가에게 처음으로 질문을 했다.

“로이, 너 작가니?”

“아니.”

“그럼 지금 쓰는 건 뭐니?”

“지금 이 시간을 기록하는 거야. 그리고 집으로 돌아가면 다른 나라에서 공부하고 있는 내 딸에게 선물로 보내 줄 생각이야.”

“카미노가 끝나면 바로 집으로 돌아갈 거니?”

“그건 모르겠어. 산티아고 데 콤포스텔라에서 남자 친구와 만나기로 했거든.”

“그렇구나, 그런데 왜 처음부터 남자 친구와 함께 이 길을 걷지 않았어?”

“우리는 각자 카미노를 걷고 산티아고 데 콤포스텔라에서 만나기로 약속했어. 그리고 서로의 마음을 확인할 거야.”

그녀의 뜻을 정확히는 이해하지 못했지만 로이와 그녀의 남자 친구는 이 길을 통해 서로의 사랑을 신중하게 확인하고 싶어 하는 것 같았다.

여러나라 사람들이 모이는 카미노에서, 외국어 구사 능력의 부족은 대화의 어려움을 낳는다. 그러나 대화가 꼭 언어 구사 능력으로만 이루어지는 것은 아니다. 목소리, 눈빛, 손짓 따위가 때로는 말보다 더 잘 전달될 수도 있다. 관계에서도 언어 능력이 부족해서 오해가 생기는 것이 아니다. 받아들이고자 하는 마음의 문제다. 상대방의 마음을 헤아리기보다 내 생각을 먼저 알아주기를 바라는 이기적인 마음 때문에 소통이 되지 않는 것이다.

닥종이 인형작가 김영희 씨가 '독일어를 못할 때는 남편과 말이 통하고 말을 잘하게 되니 오히려 말이 통하지 않더라.'고 한 말을 어디선가 본 적이 있다.

로이가 내 찻값을 계산했고 우리는 알베르게로 돌아왔다.

레온 숙소 근처의 광장

레온 대성당

스테인드글라스가 아름다운 레온 성당

대성당 회랑

숙소에 짐을 내려놓자마자 성당과 박물관을 보기 위해 서둘러 나왔다. 레온 성당은 스페인의 고딕양식 중 최고의 걸작으로 꼽히며 아름다운 스테인드글라스로 유명하다.

성당 안으로 들어오자 스테인드글라스의 갖가지 빛은 엄숙한 성당 안에 향기처럼 퍼져 있었다. 빛의 대부분은 성당의 높은 곳에서 내려왔다. 나는 중앙 제대가 마주 보이는 곳에 앉았다. 13세기에 지어진 레온 성당에서 21세기 삶을 내려놓고자 영원불멸의 하느님 앞에 엎드렸다. 성당 내부를 찬찬히 살펴본 후에 회랑으로 나가자 아름다운 천정과 조각상들이 오후의 빛을 받아 더욱 선명했다. 관광하면서 보았던 유럽 왕들의 궁에서는 인간의 욕심과 인생의 허무를 먼저 떠올렸다면 성당 내의 조각과 장식품들은 마음을 겸허하게 하고 지나온 시간을 반성하게 만들었다.

환하게 웃는 스페인 학생들

낡은 벽에 부서진 타일로 만든 장식

성당을 나와서 그 다음 내가 한 일은, 관광객을 위한 마차 모양의 작은 자동차를 타고 시내와 중요 유적지를 둘러보는 것이었다. 미리 계획한 일은 아니었다. 광장을 걸어 나오다 레온을 둘러보는 것도 괜찮을 듯 싶어 내린 결정이었다. 순례자에게 어울리지 않는 사치인 것 같기도 하지만 산티아고 길에서는 무엇이든 경험하고 싶은 것이 내 마음이었다. 또한 아름다운 길을 내어준 스페인에 대한 나름의 보답이라면 너무 우스운 이야기일까? 어쨌든 친절한 운전사는 사진이 필요하면 차를 멈추고 사진을 찍어주겠노라 말했다.

마차 모양의 작은 차는 사람들 사이로 바람을 가르며 이곳저곳으로 달렸다. 그러다 차를 멈추고 고풍스런 한 건물을 가리키더니 교도소라고 했다. 시내 한가운데 큰 쇼핑센터를 마주보고 있는 곳에 있는 교도소를 보고 놀라기도 했지만, 다른 건 별다른 설명을 하지 않았던 운전사가 어떤 의미로 유독 교도소만을 소개했을까, 나는 청개구리처럼 그것이 궁금했다. 혹시 내가 잘못 이해한 것은 아닐까.

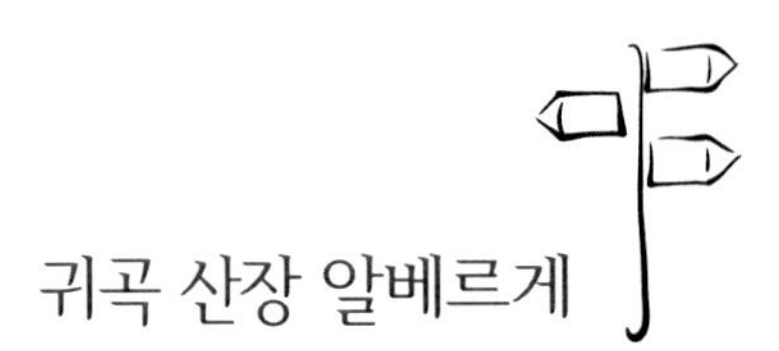

귀곡 산장 알베르게

레온을 벗어나 비야르 데 마사리페Villar de Mazarife까지 가는 길은 기억에 별로 남아 있지 않다. 다만 걷는 동안 레온에서 있었던 일들을 떠올리는 것이 즐거웠다.

레온 출발 후 7시간쯤 지났을 때였다. 차가 다니는 도로 한 길가에 있는 알베르게에 도착했다. 비야당고스 델 파라모였다. 넓은 마당에 잔디 정원이 있고 여러 개의 야외 벤치, 편리한 수도 시설을 갖춘 숙소였다. 안으로 들어가자 복층으로 되어 있는 넓은 공간의 아래 위층에 2층 침대가 즐비했다. 알베르게에는 나를 포함 4명의 순례자만 머물렀다. 큰 알베르게에서 4명만 자는 것이 행운일 수도 때에 따라서는 무서운 일이 될 수도 있다.

이곳 알베르게에서는 예약한 저녁을 먹기 위해서는 지나온 길을 다시 되돌아가야만 했다. 멀지는 않지만 귀찮은 일이었다. 알베르게에 머무르게 된 네 사람 중 스페인 사람만 빠지고 나머지 세 사람이 함께 저녁을 먹으러 갔다. 그 스페인 사람은 내가 한국 사람이라는 말을 듣고는, 자기가 알고 있는 한국 학생 2명의 이야기를 그림까지 그리며 설명했다.

지금까지 산티아고 가는 길에서는 무슨 음식을 먹던 나름대로 만족스러웠다. 그런데 이곳의 순례자 메뉴는 최악이었다. 식사 후에는 질긴 고기 때문인지 주인을 향한 험담 때문인지 이가 얼얼할 지경이었다. 그러나 이것으로 끝이 아니었다. 놀라운 일은 한밤중 알베르게 화장실에서 일어났다.

카미노에서는 갈증을 해소하기 위해 물을 많이 먹게 된다. 잠자리에 들기 전에도 물을 먹고 잔다. 그래서 가끔 한밤중에 화장실에 가는 일이 생긴다. 그런데 그날은 단지 물 때문만은 아니었다. 저녁으로 먹은 타이어보다 질긴 고기 때문에 결국 탈이 났던 것이다.

밤 1시경이었지 싶다. 다른 사람에게 방해가 되지 않기 위해 조용히 화장실을 가려고 나왔다. 복도에 나오니 한치 앞도 보이지 않을 만큼 깜깜했다. 길가에 있는 집이라고는 하나 문이 다 잠겨 있으니 바깥 불빛이 하나도 들어오지 않았다. 어둠이 익숙해질 때까지 기다려 스위치를 찾았다. 어느 곳에도 스위치는 보이지 않았다. 하는 수 없이 어둠 속을 걸어 샤워실 안으로 들어갔다. 불을 켰다. 샤워실 안이 환하게 밝아졌다. 혹시나 싶어 샤워실 창문을 잠궜다. 그리고 나서야 화장실 문을 열고 들어갔다. 볼일을 보려고 하는데 갑자기 '꺽' 하고 불이 나가 버렸다. 갑자기 빛이 사라지니 내 모습도 빛과 함께 사라진 듯 아무것도 보이지 않았다. 나는 화장실 문고리를 꼭 붙들었다. 얼마나 지났을까. 내 숨소리 외에 아무 소리도 들리지 않았다.

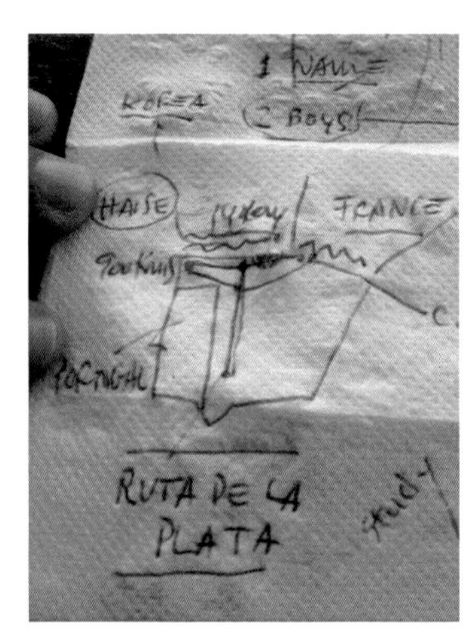

냅킨에 그린 설명

'전구가 나갔나?' 하는 생각이 들었다. 바지를 올리고 화장실 문을 열고 나와 스위치를 찾아 켜자 다시 환하게 밝아졌다. '전구가 나간 건 아닌데 왜 꺼졌지?' 그런 생각도 잠시 더 이상 볼일을 미룰 수는 없었다. 다시 화장실 안으로 들어가서 앉았는데 또 다시 '꺽' 하는 소리가 나더니 불이 꺼져 버렸다. 머리카락이 쭈뼛 섰다. 그래도 문을 붙들고 꿋꿋이 볼일을 볼 수밖에 없었다. 밖에는 역시나 아무 소리도 나지 않았다.

한참을 망설이다 화장실 문을 열고 샤워실로 나왔다. 두려움을 안고 천장을 올려다봤다. 비록 어둠 속이라 잘 보이지는 않았지만 특별한 것은 없었다. 여전히 창문은 안으로 잠겨 있는 상태였다. 서둘러 사람들이 있는 침대로 돌아왔다. 침대에 누워 있자니 새삼 혼자가 아니라는 사실이 고마웠다. 전구가 왜 나갔는지 생각하다 곧 잠에 빠져 들어 버렸다.

샤워실 전구의 비밀은 다음 날 알게 되었다. 그 전구는 센서가 작동되고 있었던 것이다. 거기다가 나중에 들은 이야기지만 이른 아침 알베르게를 나가려고 하니 현관문이 바깥에서 잠겨 있더라나.

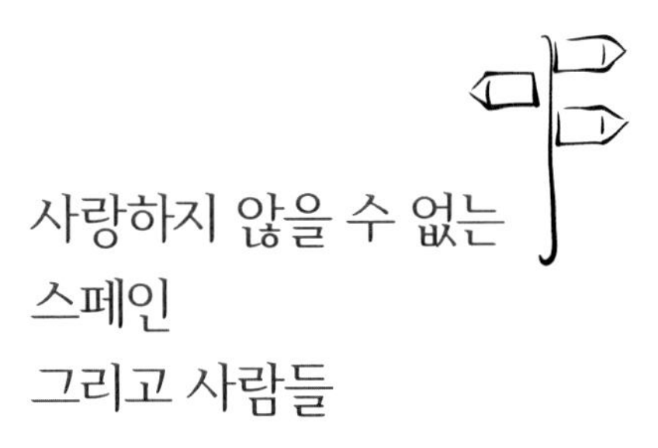

사랑하지 않을 수 없는 스페인 그리고 사람들

5세기에 모함으로 쫓겨난 토르비오 주교를 기리는 돌 십자가

6월이 가까워지니 한낮의 태양은 습기 하나 없이 메마르고 날카로웠다. 직선으로 쏟아지는 태양은 모자 안이라도 예외가 없었다. 30㎞를 무의식이 조정하는 타성으로 걷고 있었다. 타는 갈증을 느꼈으나 배낭을 내려 물을 마실 힘이 없었다. 그늘진 곳이면 어느 곳이든 쉬고 싶은 마음이 앞서, 발걸음은 이리저리 흩어진 지 오래였다. 그러다 보니 아스토르가Astorga를 눈앞에 두고도 찾지 못했다. 자전거 순례자들이 지나가면서 넋을 잃고 있는 나를 보더니 같이 가자고 했다. 천천히 가는 그들의 자전거를 따라 걸었다. 한참을 걸어도 화살표도 조가비 표식도 보이지 않았다. 나는 그들을 보내고 그늘진 골목 벽에 주저앉았다.

지나가던 동네 노인이 다가와서 걱정스런 얼굴로 말을 붙여왔다. 나는 그에게 알베르게 세르비아스 데 마리아Servias de María를 찾

는다고 했다. 노인은 내 질문에 쉽게 설명하기 위해 고민하는 것 같더니 곧 포기하고, 따라오라는 몸짓을 했다. 그는 매우 노쇠하여 걸음을 걷는 것조차 불편한 상태였다. 그런 그가 원래 가고자 하는 반대 방향을 향해 길 안내를 했다. 100m쯤 걸어서 가파른 꼭대기에 자리하고 있는 목적지를 가리키더니 어깨를 두드리며 가라는 몸짓을 했다. 나는 진심으로 고마운 마음으로 그를 안아주고 그의 볼에 입맞춤을 해 주었다. 노인은 쇠약하게 굽어서 태양에 더 노출된 등을 보이며 거북이처럼 천천히 왔던 길을 되돌아갔다. 이런 스페인을 내가 어찌 날마다 사랑하지 않을 수 있겠는가.

알베르게에 도착하자마자 씻지도 않고 단잠에 빠졌다. 시끌시끌한 소리에 잠을 깨서 시간을 보니 한 시간이 지나 있었다. 점심 겸 저녁을 먹기 위해 밖으로 나왔다. 바로 앞이 산 프란시스코 광장Plaza

세르비아스 데 마리아 알베르게 내부

San Francisco이었다. 산 프란시스코 광장을 지나니 또 다른 광장이 나왔다. 그런데 상점들이 문을 다 닫았다. 나오기 전에 친절한 한국인 봉사자가 일요일이라고 했던 말이 생각났다.

아스토르가는 그 자체로 역사의 현상이며 박물관이다. 광장만 해도 6개가 있다. 산프란시스코 광장·바르톨로메 광장·바로크 양식의 시청사가 있는 중앙 광장·산토실데스 광장·오비스포 알콜레아 광장·가우디가 설계한 주교 궁Palacio Episcopal이 있는 카테드랄 광장이 그것이다. 스페인의 광장은 대부분 대성당이나 유서 깊은 건축물 주위에 위치하고 있다.

나는 스페인의 광장이 참 좋았다. 크면 큰 대로 작으면 작은 대로 광장을 둘러싸고 형성되어 있는 전형적인 문화가 있다. 성당과 성당을 닮은 많은 바, 레스토랑 그리고 기념품 가게들이 있다. 흐르는 시간을 땅속에 묻은 광장 바닥은 쏟아지는 스페인의 태양을 받아 그 역사만큼 빛나는 반짝임을 쏟아내는 곳이다. 현지인보다 관광객이 많은 나라답게 주인과 객이 자연스럽게 어울려 각자의 시간을 즐기면서 차를 마시고 음식을 먹는다. 스페인 광장은 붉은 상그리아 같이 달콤하고 매력적인 곳이다.

대성당 박물관

주교 궁이었던 카미노 박물관

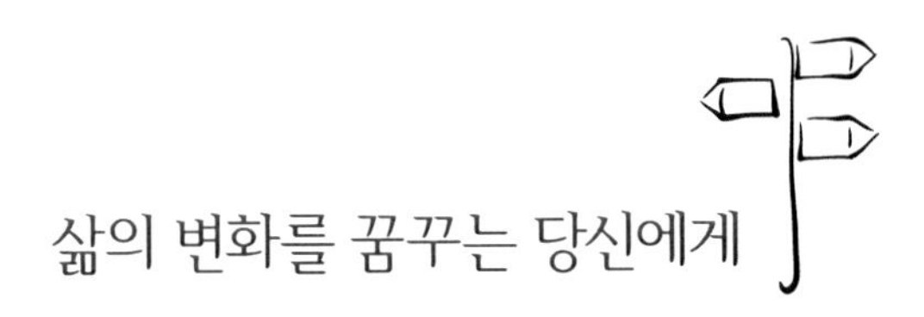
삶의 변화를 꿈꾸는 당신에게

라바날 델 카미노Ravanal del Camino로 가는 길은 먹구름 사이로 떠오르는 해를 등지고 걷는 길이었다. 하늘도 산도 들판도 모두 잿빛이었다. 낮게 드리운 먹구름이 사물에 앉아 본연의 색을 잿빛으로 만들었다. 모든 것이 아름다워 보이던 전경도 오늘은 제빛을 내지 못하고 깊게 가라앉았다.

사람이 살아가는 데 한평생 아무 어려움 없이 살면 좋겠지만, 살다 보면 어두운 먹구름이 드리운 시간도 있게 마련이다. 소설 속에서나 읽었던 '잿빛 세상'을 나 역시 경험했다. 날카로운 사금파리가 가슴을 헤집으니 당연히 긴 불면의 밤을 지냈다. 시간에 널어 마르고 바래지도록 기다리는 방법이 있다는 것을 그 당시는 생각 할 수 없었다. 작은 일에도 마음에는 늘상 바람이 불었다. 잡을 수도 잡히지도 않는 바람이 부니 삶이 바람에 나부낄 수밖에 없었다.

유럽의 땅끝(포르투갈)

"삶이 그대를 눈물짓게 하거든 용기를 내어 산티아고로 떠나보십시오. 당신의 한 걸음 한 걸음이 얇아진 삶의 의욕을 두껍게 할 것입니다. 다른 모든 것을 벗어 던지고 온전히 자신에게 충실하세요. 무사히 순례를 마치고 나면 어떤 일이든지 해낼 수 있는 힘이 당신 안에서 성큼 자라 있을 것입니다. 그것은 산티아고 가는 길에서 얻은 값진 열매입니다. 살다가 위기가 또 찾아오더라도 철저히 당신 자신을 위해 보낸 그 시간들이 큰 위로가 될 것입니다. 또한 다른 길을 찾아 떠나고 싶은 희망으로 내일을 기대하게 될 것입니다. 망설이지 말고 지금 떠나세요. 지금 삶의 변화를 희망하는 것만으로도 당신은 충분히 떠날 자격이 있습니다!"

돌담과 꽃이 아름다운 알베르게

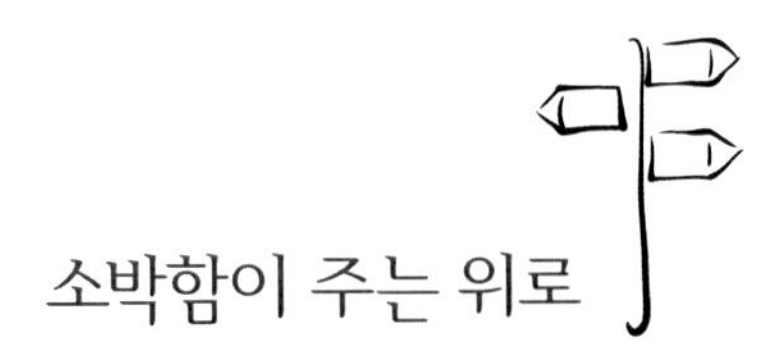

소박함이 주는 위로

몰리나세카Molinaseca로 가는 길은 전체 여정 중 가장 높은 구간을 걷는 길이다. 해발 1,505m 지점에 있는 크루스 데 페로Cruz de Ferro(철 십자가)를 만나는 날이기도 하다. 마음을 다 잡고 출발한지 얼마 지나지 않아서 예상대로 날씨가 심상치 않았다. 내 몸 상태는 매우 좋지 않았다. 레온에서 시작한 목감기로 열이 있는데다 그저께부터는 기침과 가래까지 더해졌다. 뒤늦게 감기 초기증상인 맑은 콧물까지 흘렀다. 출발하기 전에 감기약을 먹었는데 효과가 없었다. 약을 한 번 더 먹었다. 과하게 복용한 약이 염려되었지만 선택의 여지가 없었다. 약이 효과가 나타나기를 기대하며 걸었다. 비는 진눈깨비로 그리고 눈보라로 변했다. 옷과 모자를 단단히 여미고 비에 젖어 축축해진 장갑을 벗어 비틀어 물기를 짠 다음 언 손 위에 꼈다.

바람이 몰고 다니는 눈은 지천으로 피어있는 수없이 많은 꽃을 덮었다. 다양한 꽃들은 투명한 하얀 눈에 덧입혀져 새로운 꽃을 만들었다. 아름다운 꽃이라면 카미노를 시작하고 줄곧 보아 왔기에 새삼스러울 것도 없었다. 그러나 돌산에 피어있는 꽃은 지금까지 봐왔던 것과는 다른 처음 만나는 꽃이었다. 눈을 맞으면서도 시드는 기색 없이, 마치 곧 지나갈 눈보라를 예상하는 것처럼 의연히 버텨 그 아름다움이 더했다. 기침과 쉼 없이 흐르는 콧물은 어느새 문제가 되지 않았다. 보는 것만으로도 행복을 주는 이 길을 가족과 함께 꼭 다시 오리라 마음먹었다. 내 눈에, 내 마음에 담느라 힘들기는커녕 연신 감탄을 쏟아냈다. 정말이지 이 길은 가장 완벽한 카미노였다.

삶의 무게를 내려놓을 철 십자가를 향해 가는 길

멀리 눈보라 너머로 희뿌옇게 철 십자가가 보이기 시작했다. 고도가 높아서인지 바람이 더욱 세찼다. 가까이에서 만나는 철 십자가는 어수선한 돌무덤 위에 단순하기 짝이 없는 나무기둥 위에 있었다. 그러나 소박한 십자가 아래 내려놓은 사람들의 간절한 소망만큼은 결코 소박하지 않았다. 눈보라 속에서도 십자가를 중심으로 쌓여 있는 제각기 다른 돌멩이로 만들어진 돌무덤이 그것을 말해 주었다. 삶의 짐을 짊어지고 눈과 비, 안개와 혹은 뜨거운 태양을 맞으며 이곳에 내려놓은 그들의 간절한 소망이 돌멩이에 담겨져 이야기를 건네 왔다.

나는 돌무덤 위로 걸어 올라가 십자가 기둥 아래 준비한 돌을 던지며 기도했다. 푸에르토 이라고Puerto Irogo 고갯길의 철 십자가는 소박하기에 아름다운 곳이었다. 화려하고 웅장한 십자가였다면 함부로 그곳에다 소망을 담은 돌을 던지지 못할 것이며 편안하게 삶의 짐을 내려놓지 못했을 것이다.

철 십자가

산에 핀 많은 꽃들이 위험한 길을 홀로 걷는 순례자들에게 용기를 준다.

눈보라 속을 쉬지 않고 몇 시간을 걸었다. 거짓말처럼 눈이 멎었다. 찬바람에 약해진 얼굴 위로 칼날 같은 볕이 살을 찔렀다. 추위에 떨며 몇 시간을 걸어온 이상 아무리 따가운 햇살도 고맙기만 했다. 눈이 멎고 시야가 트이더니 아름다운 산등성이가 한꺼번에 펼쳐졌다. 노랑, 보라, 흰색의 꽃이 산의 푸름과 어울려 장관을 이루었다. 갖가지 꽃으로 뒤덮인 산은 빛을 받아 밝고 어두운 조화를 이루었고, 먼 곳과 가까운 산의 경계는 산수화에 색을 입힌 것 마냥 신비스러웠다. 산 아래로 붉은 벽돌과 붉은 지붕은 사라지고 청회색 지붕을 드러낸 마을이 그림처럼 나타났다. 청회색 지붕은 푸른 하늘과 푸른 산을 닮아 어울림의 극치를 이루었다. 눈보라 속에서 삶의 무게를 내려놓고 무사히 걸어온 순례자에게 새로운 시작을 알려주는 것 같았다.

가까운 듯한 마을은 좀체 가까워지지 않고 작은 마을 초입에 들어서자 기다리던 바가 나타났다. 바 안은 추위에 떨고 온 순례자들의 열기와 벽난로의 온기로 가득했다. 나는 커피를 마실 수 있다는 기쁨으로 들떴다. 카페 콘 레체 큰 잔을 주문하고 기다리는데 무럭무럭 희열이 올라왔다. 맛으로 각인된 기억은 오래 남는다. 이때 마신 갈색의 뜨거운 카페 콘 레체 맛은 다시 카미노를 꿈꾸게 한다.

몰리나세카는 메루엘로 강Río Meruelo 건너편에 반짝이는 오후의 햇살 아래 있었다. 마을 꼭대기에는 17세기 건물 산 니콜라스 성당이 우뚝 서 있고 중세풍의 아름다운 다리가 놓여있었다. 다리 아래 강은 은빛 물살로 찰랑거렸다.

따뜻한 커피로 추위와 피로를 달랜다.

꽃구경에 혼을 뺏기면 위험한 길이다.

17세기 산 니콜라스 성당이 보이는 몰리나세카

Chapter 3 .... 마침내 별이 빛나는 곳

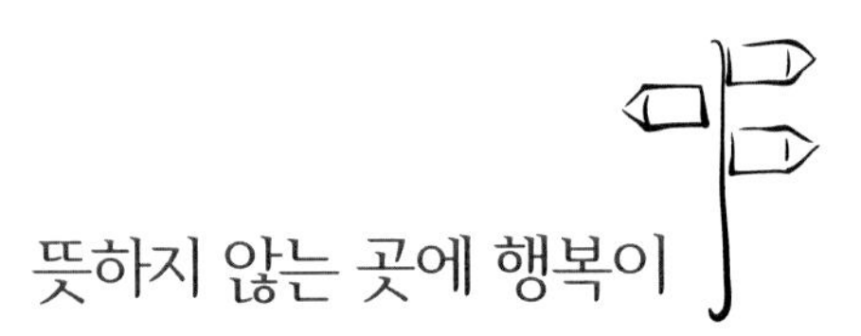

뜻하지 않는 곳에 행복이

하루에 걷는 거리를 기본 25㎞ 내외에서 5~10㎞까지 더 늘렸다. 내 몸은 그만큼 단련이 되었다. 특별히 어려운 코스가 아니면 1시 경이면 도착을 했다. 스페인의 태양이 좋다고 해도 5월 하순 한낮의 태양을 친구 삼기는 무리였다. 되도록 한낮의 열기가 시작되기 전에 숙소에 도착하는 것이 좋았다. 카카벨로스Cacabelos에서 베가 데 발카르세Vega de Valcarce까지 약 27㎞를 목적지로 삼은 것은 고도가 높은 길을 다음 날로 미루었기 때문이었다.

조용한 길에 움직이는 물체라곤 나뿐인지라 태양마저 끈질기게 따라 붙는 날이었다. 가만히 있어도 땀이 흐르는데 걸으면서 나는 열기로 온 몸이 뜨거웠다. 프라델라 봉Alto pradela을 정점으로 경사진 길을 내려오니 평탄한 길이 이어졌다. 아름다운 경치로 눈과 마음이 행복했다. 지나쳐 가는 경치가 아까울 지경이었다. 비야프랑카 델 비에르소Villafranca del Bierzo 알베르게를 지날 때는 하루 머물고 싶었다. 산티아고 데 콤포스텔라에 도착하는 마지막 날, 유서 깊은 호텔에 미리 예약을 해 둔 일이 잠깐 후회가 되었다. 그러나 고민을 한다는 것은 한 가지도 놓치고 싶지 않은 욕심 때문이다. 단순한 이 길 위에서 욕심은 어울리지 않는 마음이었다.

목표를 향해 걷는 길에서는 소소한 행복을 접어야 할 때도 있다. 소소한 일이 내 인생을 바꿀 만한 일이 되기도 하고 뜻하지 않는 결과를 주기도 한다. 그러나 목표를 잡은 것도 목표를 변경하는 것도 내 선택이었으니 아쉬움은 접고 계속 걸었다.

전망 좋은 곳에 위치한 비아프랑카 델 비에르소

베가 델 발카르세에 도착하고도 도착지를 확인할 표지판을 찾지 못하고 헤매다가, 뜻하지 않게 식료품점에서 나오는 빈첸조를 만났다. 우리는 누가 먼저랄 것도 없이 반갑게 포옹했다. 그는 이곳 지자체 알베르게에 머물고 있다고 했다. 내가 마을을 알리는 표시만 제대로 봤다면 도착하자마자 지자체 알베르게를 찾았을 테고, 빈첸조와 나는 그간의 이야기를 나누고 있었을지도 모른다. 그러나 모든 것이 그렇듯 사소한 엇갈림은 예상치 못한 결과를 가져온다. 나는 오늘 목적지인 그곳에서 멈추기를 주저했다. 마지막을 향해 가는 발걸음을 나 자신에게 집중하고 싶었다. 그와의 만남이 반가웠기에 행여 방해를 받을까 염려스러웠다. 모든 에너지를 소비하고 제발 발카르세만 나타나기를 기다리며 걸어왔는데 나는 다음 마을을 향해 계속 가기로 결심했다. 우리는 산티아고 데 콤포스텔라에서 꼭 만나자는 말로 아쉬움을 대신했다. 한참을 걷다가 뒤돌아서서 보니 그때까지 그는 그 자리에 서 있었다.

마을 식품점

예상했던 것보다 7㎞ 가량을 더 걷게 되자 체력은 급격하게 떨어졌다. 한낮의 태양은 여전히 집중 포화되고 있었다. 미처 챙기지 못한 물도 바닥이 났다. 다음 마을이 어딘지도 모르고 무작정 시작한 길은 에레리아스Herrerías를 지나자 가파른 오르막이 기다리고 있었다. 처음 피레네 오르막을 걸었을 때의 마음으로 돌아가 발밑만 쳐다보며 천천히 걸었다. 갈증으로 숨이 막혀 죽을 것만 같았다. 어느 집이든 보이기만 하면 염치불구하고 대문을 두드려 물을 얻어 마셔야겠다고 생각했다. 오르막 끝 즈음에 한 채의 집이 보였다. 급기야는 뛰어갔다. 문을 두드릴까 망설이다 보니 그 집이 마을의 시작이 되는 곳이었다. 갈증을 참고 조금 더 걸었다. 주의하지 않으면 지나치게 될 매우 좁은 길 입구에 알베르게를 나타내는 작은 간판이 있었다.

나는 앞 뒤 재지 않고 그 길로 뛰어들어갔다. 성당 안에 위치한 알베르게였다. 헐떡거리며 물부터 찾아 마시고서야 그곳이 라 파바Ra Faba인 것을 알았다. 라 파바는 소박한 성당과 알베르게가 한 마당을 사이에 두고 있는 곳이었다. 이곳은 순례자들이 일부러 찾아오는 꽤 알려진 곳이라고 했다. 그 이유는 순례자를 위한 저녁 모임과 알베르게의 아기자기한 분위기 그리고 친절한 주인 때문이었다. 성당에서는 매일 저녁 신부님이 주관하는 순례자들을 위한 모임이 있었다.

봉사자의 안내 방송만 아니었다면 그대로 잠이 들었을 것이다. 무거운 몸을 끌고 모임에 참석하기 성당으로 들어갔다. 성당 안에는 이미 순례자들로 꽉 차 있었다.

촛불이 켜져 있는 둥그렇게 생긴 촛대를 잡고 각자의 이야기를 하

빨래로 어수선한 라 파바 알베르게

는 순서가 되었다. 촛대는 옆으로 전해져서 내 차례까지 왔다. 하고 싶은 말을 하지 않을 때는 기억에 남는 반면에 속에 있는 말을 해 버리면 소멸되거나 작아져 버린다. 그래서인지 그 당시 훌쩍거리며 내가 한 이야기는 아무리 생각해도 기억이 나지 않는다.

촛불 순서가 끝나자 신부님은 원하는 순례자 다섯 명을 앞으로 불렀다. 그리고는 첫 번째 순례자 앞에 무릎을 꿇고 앉아서 그의 발을 씻겨 주었다. 그 순례자는 그 다음 순례자의 발을 닦아주고 또 다음으로 넘어갔다. 모두 숨죽이고 그 과정을 지켜보았다. 다음으로 순례자들을 전부 제단 앞에 둥글게 서게 했다. 스페인어를 하시는 신부님의 말을 영어로 통역을 해주는 순례자가 있었다. 순례자를 단순히 친구로 여기지 말고 하느님의 형제로 생각하고 서로 도와주어야 한다는 취지의 이야기였다. 그러고는 돌아가며 '부엔카미노'를 각자의 나랏말로 세 번씩 외치라고 했다.

"좋은 순례길 되세요! 좋은 순례길 되세요! 좋은 순례길 되세요!"

나는 거기 모인 순례자들을 위해 우리나라 말로 만세를 부르며 기원했다. 평화를 빌어주는 마지막 순서에는 안아주기였다. 옆에 있는 사람부터 한 사람씩 차례차례로 마음을 담아 꼭 안았다. 신부님과도 수사님과도 모두 함께 평화를 빌어주며 꼭 안았다. 모임이 끝나고 캄캄한 정원에서 별이 가득한 하늘을 올려다봤다. 이 행복한 길에 내가 있음이 감사해서 가슴이 벅차올랐다.

라 파바 알베르게 정원

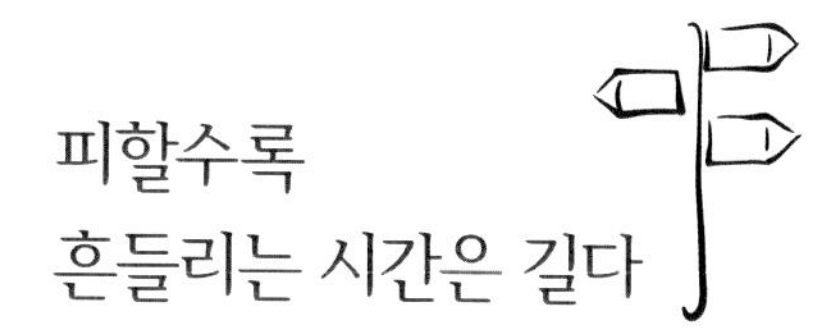

피할수록 흔들리는 시간은 길다

갈리시아 지방 이정표

5월의 마지막 날, 갈리시아Calicia 지방 오세브레이로O'cebreiro에 다다르자 짙은 안개가 마을을 숨기고 있었다. 창가에 새어 나오는 노란 불빛만이 사람이 살고 있는 마을임을 알게 했다. 말을 탄 기사가 검은 망토를 휘날리며 나타날 것만 같은 무거우면서도 신비스런 곳이었다. 아마도 짙은 안개 때문에 더 그렇게 느껴졌을 것이다.

길도 집도 하물며 벤치까지 돌로 만들어진 오세이브로는 시간이 멈춘 곳이었다. 제대로 온 것인가 의심이 들었다. 길에 서서 길 잃은 나그네처럼 허둥거렸다. 안개는 군무를 추듯 무리지어 빠르게 움직였다. 흔들리며 새어 나오는 불빛 앞을 두려움으로 지나자 짙은 안개에 몸을 숨긴 산이 나타났다. 어떤 산인지 가늠조차 되지 않았다. 한치 앞도 보이지 않는 안개에 뒤덮여 있으니 선뜻 발걸음을 떼기가 쉽지 않았다. 혼자서 다섯 시간을 지리산 둘레길에서 헤매던 일이 떠올랐다. 앞으로 계속 갈 수도 뒤로 돌아갈 수도 없는데 해가 지던 그 기억이. 그래도 가야 하는 길이기에 용기를 냈다. 도중에 너무 무서우면 돌아 나오거나, 또 다른 순례자가 오기를 기다리고 싶은 마음에 천천히 발걸음을 옮겼다.

그러던 중 산을 넘기 위해 오는 한 순례자를 만났다. 나는 그에게 인사를 건네고 그의 뒤를 조심스레 따라 갔다. 앞서 가던 그가 말했다.

"나는 신학을 공부하고 있는 학생입니다."

귀곡 산장 알베르게에서도 그랬고 내가 무서워하는 것은 사람이 아니라 선천적 무섬증이었다. 큰 소리로 자신을 소개하며 나를 배려

9세기 건축물인 산타마리아 왕립 성당

로마시대 이전부터 있었다는 오세브레이로, 희미한 빛 하나가 사람이 살고 있음을 알린다.

산안개

하는 그의 말이 나를 부끄럽게 만들었다. 그는 내가 잘 따라올 수 있도록 간격을 유지했다. 몇 번이나 뒤돌아보며 확인했다. 다가가기조차 어려웠던 산은 얼마 지나지 않아서 산 중턱을 넘어섰다. 약간의 내리막길을 걷자 안개가 걷히더니 넓은 임도가 나타났다. 마을 뒷산 정도밖에 되지 않는 곳이었다. 길 아래로 큰 마을이 보였다. 신학생은 떠나고 나는 마을을 바라보며 앉았다. 지나오고 나니 아무것도 아니었다. 안개에 덮여 보이지 않으니 두려움이 더 컸을 뿐이었다. 인생과 다를 바가 하나도 없었다.

세상을 어느 정도 살아온 어른들에게 인생은 그래도 추정이라도 할 수 있다. 그래서 어려운 일이 있을 때나 마냥 좋은 일이 있을 때

카페

도 포기하지도 또 지나치게 좋아하지 않는다. '내일'이 어떻게 될지 모르기 때문이다. 그러나 청소년들이나 이제 막 홀로서기를 시작하는 청년들에게 인생은, 짙은 안개로 뒤덮인 오세브레이로의 산과 다를 바가 없을 것이다. 한 번도 경험해 보지 않았기 때문에 짙은 안개 끝에 뭐가 있는지 모른다. 그래서 더 빨리 좌절하는 것인지도 모르겠다. 그들에게는 현재 눈에 보이는 것이 인생의 전부라고 생각될 정도로 현실이 크게 느껴질 것이다.

근래에 카미노에 한국의 청년들이 많아지고 있다. 난 그들이 이 길을 선택하는 것이 고맙다. 부모도 학교도 가르쳐 주지 못하는 가르침을 배워갈 수 있는 곳이다. 다만 그들이 산티아고 데 콤포스텔라만이 목적이 되기 않기를 바라며, 길 위에서 많은 것을 경험하며 조금만 더 천천히 걸으며 길 위에서도 행복하기를 바란다.

이 여정이 더욱 힘들었던 것은 마지막 무렵 도로의 경사 때문이었다. 빗물의 흐름을 원활하도록 만든 도로의 경사는 오래 걸어온 순례자의 발걸음을 더 어렵게 했다. 또한 해발 1,330m의 포이오 고개Alto do Poio를 지나면서 트리아카스텔라까지 계속되는 내리막길은 자칫하면 무릎과 발가락 특히 발톱을 상하게 할 수 있었다. 나는 경사가 심한 아스팔트길에서는 뒤돌아서서 걸었다. 그 방법은 유효했고 단 한 번의 발가락 수난도 겪지 않았다.

트리아카스텔라Triacastela 마을 깊숙이 들어가자 마을 초입의 분위기와는 달랐다. 카페가 즐비한 아름다운 골목이 나왔다. 안내 책자에는 이곳이 산티아고 대성당을 짓는 데 필요한 석회석을 조달한 곳이라고 되어 있었다. 그래서 어쩌면 마을 전체가 매우 삭막할지도 모른다고 생각했다. 마을 초입에 들어서서도 그 생각은 계속되었다. 이렇게 아름다운 골목이 있는 줄은 생각하지 못했다. 카미노에서 만난 가장 아름다운 골목이었지 싶다.

트리아카스텔라 카페 골목

아름다운 트리아카스텔라 야외 카페에서 기연 씨를 만났다. 함께 차를 마시고 있을 때였다. 한 젊은 외국인 여성이 다가오더니 익숙한 물건을 나한테 보였다. 내가 라 파바 알베르게에서 잊고 온 소지품 주머니였다. 그녀가 나를 기억하고 그것을 찾아다주기 위해 배낭에 넣고 온 것이다. 산티아고 가는 길에서 배낭은 생존을 위해 꼭 필요한 것 외에는 종이 한 장의 무게도 거부하기 마련이다. 그러니 나를 위해 들고 온 그 정성에 감동하지 않을 수 없었다. 그때 내가 조금만 더 침착했더라면 좀 더 적극적으로 고마움을 표시할 방법이 있었을 터인데, 예기치 못한 일이었기에 허둥대느라 내 마음을 전하지 못함이 지금에 와서도 아쉬움으로 남아 있다.

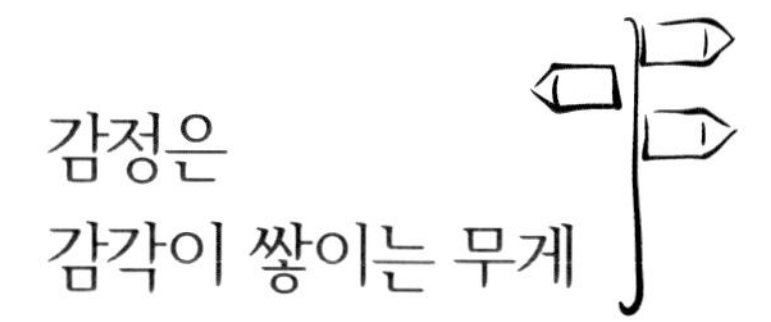

감정은 감각이 쌓이는 무게

라바다 델 카미노 작은 바에서 만나 친해졌던 젊은 친구 연희와 그녀의 동행자들인 진덕이, 혜진이 모두 트리아카스텔라 골목에서 만났다. 우리는 같이 저녁을 먹고 와인을 마시며 즐거운 수다를 떨었다. 기연 씨와 연희 그리고 나는 같은 알베르게에 머물렀고 새로운 동행이 되어 사리아Sarria를 향해 새벽길을 나섰다. 전에 만났던 캐나다 부부의 강력한 추천과 기연 씨의 정보에 힘입어 사모스Samos를 경유하는 남쪽 루트를 선택했다. 사모스를 경유하는 남쪽 길은 산실San Xil을 경유하는 북쪽길보다 약 7㎞가 더 멀다.

사모스 가는 길의 시작은 오리비오 강Río Oribio을 끼고 있는 아스팔트로부터 시작되었다. 나는 어제 처음 만난 기연 씨에게 걸음이 빠르지 않다는 것을 미리 알렸다. 그래서인지 그녀가 얼마 지나지 않아서 "부엔카미노!" 인사를 하더니 앞서 걸어가기 시작했다. 뜻하지는 않았지만 인사를 한 그녀가 무색하게 나는 그녀의 뒤를 따라 걸었다. 그즈음 나도 걷는 것은 웬만큼 자신이 있었으니까.

발걸음이 가벼운 연희는 힘들이지 않고 내 뒤를 따라왔다. 기연 씨가 일부러 빨리 걷는 것은 아니었지만 앞에서 우리를 이끌게 되었다. 나는 기연 씨의 보행 속도를 놓치지 않으려고 그녀의 발뒤꿈치만 보며 걸었다. 그녀가 오른발을 옮기면 오른발을, 왼발을 옮기면 왼발을 옮겼다. 재미있었다. 적당한 속도를 유지하며 이끌어 주는 사람이 있으니 걷는 것에 집중하는 재미가 쏠쏠했다. 그렇게 걷는 재미에 빠져 한참을 걷다가, 바가 나오면 바에 들어가서 차도 마시고 음식을 먹으며 수다도 떨었다. 누구 하나 서두르는 사람이 없이 충분히 쉬고 다음 길을 떠났다.

앞에서 이끌던 기연 씨가 슬그머니 뒤로 빠지면 자연스럽게 내가 앞에서 걸었다. 앞서 걸어보니 뒤따라갈 때보다 체력 소모가 더 크다는 것도 알게 되었다. 뒤에 따라오는 사람들을 위해 신경을 쓰며 적당한 속도를 유지하는 것이 쉽지 않았다. 내가 지쳐 뒤로 빠지면 연희가 앞장섰다. 연희가 앞장서면 그녀의 발걸음이 워낙 재서, 노는 듯 여유있게 걸어도 우리는 따라가기 힘들었다. 기연 씨와 나는 일찌감치 연희와 함께 걷는 걸 포기했다. 연희는 우리에게 메이지 않고 앞서거니 뒤서거니 자유롭게 걸었다.

나와 기연 씨도 바에서 쉬어가는 것을 좋아하지만 연희는 한 술 더 떴다. 우리보다 앞서 바에 도착하고 더 오래 머무는가 하면 더 많은 곳에 들렀다. 그러고는 어느 새 우리 뒤를 따라왔다. 연희는 누구보다 자기 식대로 행복한 카미노를 누리는 것 같았다. 좋은 동행과 함께하고 있다는 것을 알아차리는 데 오랜 시간이 필요하지 않았다. 그러고 보면 살면서 무엇을 하는가가 중요한 것이 아니고, 누구와 어떤 마음으로 하는지에 따라서 다를 수 있음을 새삼 깨닫는 날이었다. 걷는 것에 익숙해졌지만 정작 걷는 즐거움은 이제야 제대로 느끼는 것인지도 몰랐다.

사모스 수도원으로 들어가는 길

사모스 베네딕트 수도원은 우리가 걸어온 길보다 낮은 곳에 위치해 있었다. 산으로 둘러싸인 거대한 규모의 수도원은 거스를 수 없는 기품이 있었다. 수도원을 끼고 오리비오 강물이 조용히 흘렀다.

유럽의 가장 오래된 성당 중에 하나인 사모스로 들어가는 길은 인상적이었다. 수도원 근처의 바에 배낭을 풀고 점심을 먹는데, 귀곡 산장 알베르게에서 질긴 소고기를 씹으며 함께 주인 흉을 봤던 이안을 만났다. 이안은 뉴질랜드인이면서 홍콩에 거주하는 사람으로 유난히 한국인들과의 교류가 많았다. 한국인으로부터 받은 명함을 보여주며 친화력을 자랑하기도 했다. 연희와 기연 씨도 이미 알고 있는 사람이었다. 진덕이와 혜진이도 만났다. 진덕이가 준 정보에 의하면 수도원 관람 시간은 7시, 관람이 끝나고 미사에 참여할 수 있고, 미사 시간에 파이프오르간 반주로 수사님들의 그레고리안 성가를 들을 수 있다고 했다.

사모스 수도원

장미의 이름

7시가 되려면 앞으로 몇 시간을 더 기다려야 했다. 목적지를 사리아로 잡은 우리는 잠시 고민을 했다. 그러다 기연 씨가 의견을 냈다.

"사리아까지 걸어가서 짐을 푼 뒤 택시로 다시 이곳으로 오는 것은 어떨까요?"

우리는 그 계획에 동의했다. 그런데 다시 수도원으로 돌아온다는 생각을 하느라 사리아로 가는 루트에 대해서 미처 집중하지 못했다. 무심코 화살표를 따라 걸은 길이 북쪽길인 산실 길이었다. 곧장 갔다면 약 13㎞만 더 가면 되는데, 남에서 북으로 가로질러서 더 아래쪽에 위치한 몬탄Montán으로 내려가서 다시 사리아로 향하다 보니 얼마를 더 걸었는지 알 수도 없었다. 내 생각에는 약 40㎞는 족히 걸은 것 같았다. 사모스를 추천해서 생긴 일이라고 기연 씨는 미안해했

오래된 숲에 햇살이 비치니 마치 나무 이파리가 요정처럼 몽환적으로 보인다.

지만 어쩌면 새로운 동행이 되어 조금은 서먹한 우리에게 운명처럼 만들어진 길인 것 같았다.

이들과의 동행이 시작된 이후로 내 마음은 정말 편했다. 기연 씨와 연희도 마찬가지라고 했다. 마음이 편하다 보니 어떤 일이든지 긍정적으로 받아들여졌다. 길을 잃고 헤매면 어떻고 해가 져서 비박을 하면 또 어떻겠는가. 만약 그런 일이 생겼어도 그것마저도 즐거울 것 같았다.

걷고 또 걸었다. 그 시간만큼 신뢰가 쌓여가고 있을 때였다. 연희가 우리를 잠시 기다리게 하고는 몇 시간 만에 처음 들리는 자동차 소리를 따라 뛰어 갔다.

"다 온 것 같아요!"

큰 소리로 우리를 부르는 연희를 따라 도로로 올라갔다. 사리아인지는 알 수 없지만 정말로 도로 끝에 마을이 보였다. 휴식이 절실히 필요한데다 저 곳이 사리아가 맞는지 확인 할 필요가 있었다. 길가에 있는 현대식 건물 레스토랑으로 들어갔다.

기연 씨가 메뉴를 꼼꼼히 살펴 본 뒤에 음식을 시켰다. 그녀는 카미노를 위해 3년을 준비한 사람이었다. 스페인어뿐만 아니라 여행 정보도 풍부했다. 그녀가 가진 여행 정보는 우리 셋이 함께 한 포르투갈 여행에서 반짝반짝 빛을 발하게 된다.

연희는 어디든 앞서서 나서는 법이 없었다. 아니 나서기는 하는데 나서는 표시가 나지 않았다. 있는 듯 없는 듯 조용하게 자기 몫 이상을 해냈다. 기연 씨와 내가 힘들어 하는 일은 연희가 도맡았다. 그러다 보니 우리보다 한참이나 어린 연희를 든든하게 의지하는 형국이 되어갔다.

음식에 대한 큰 기대를 하지 않았는데 우리 셋 다 입이 떡 벌어졌다. 혼합샐러드Ensalada Mixta의 양도 양이지만 다양한 종류의 채소가 시선을 사로잡았다. 전식으로 샐러드를 많이 먹어본 나였지만 이전 샐러드와는 달랐다. 생야채를 주고 올리브유와 소금을 뿌려먹던 샐러드가 아니었다. 소스 맛이 일품이었다. 뒤이어 나온 파에야 역시 기대를 저버리지 않았다. 우리가 본 도시가 사리아인 것을 확인도 했고, 느긋하게 음식을 즐기기에충분했다. 시원한 맥주 한 잔과 함께 한 맛있는 음식으로 뙤약볕에 걸어온 피로는 벌써 저만치 달아났다. 맛있는 음식과 뜻이 맞는 길벗과 약간의 취기는 마을로 향한 발걸음을 가볍게 했다.

혼합 샐러드

사리아는 생각보다 넓은 도시였고 더구나 알베르게는 가파른 오르막 끝에 위치해 있었다. 예정에 없던 오르막은 우리를 지치게 했다. 멀리 돌아서 오느라 시간이 많이 지체 되었던지라 공립 알베르게는 이미 다 찼고 사설 알베르게를 찾아 배낭을 풀었다. 아기자기한 사설 알베르게는 휴식에 필요한 모든 것이 충분한 곳이었다.

오후 6시쯤, 봉사자가 전화로 미리 예약해 준 택시를 타고 다시 수도원으로 향했다. 우리가 탄 택시의 운전자는 회전 구간에 브레이크를 밟지 않았다. 달리면서 스마트폰 검색을 하면서 뭘 보여주기까지 하려고 했다. 조심하라는 말을 했지만 크게 신경 쓰는 눈치는 아니었다. 그는 단 30여 분 만에 하루 종일 걸어온 길을 주파해서 사모스 수도원 앞에 우리를 내려놓았고 수도원을 구경하고 오는 동안 기다리기로 했다. 영어를 전혀 못하는 그와의 모든 대화는 기연 씨의 몫이었다. 지금까지는 내가 판단하고 그 판단에 따라 행동을 했다면, 기연 씨와 연희를 만나고부터는 신경 써서 해야 할 일이 많이 없어져 버렸다. 그들이 판단하는 것들은 내가 원하는 것과 일치했다. 굳이 내 의견을 내세울 필요가 없었다. 의견에 즐겁게 따라주는 것이야말로 내 의견이었다. 우리의 관계는 잘 맞물려 자연스럽게 굴러 갔다.

수도원 내부 관람 예약을 미리 했다면 한국인 신부님의 안내를 받을 수 있다는 것을 뒤늦게 알았다. 아쉬움을 안고 영어로 진행하는 신부님의 안내를 다른 사람들과 함께 받았다. 오후의 햇살은 수도원 정원에 아낌없이 쏟아졌다. 수도원 종이 울렸다. 종소리는 고막을 먼저 두드렸다. 정원을 돌아 햇살을 타고 공기 속으로 사라지는가 싶더

수도원 정원

니 마음에 앉았다. 손을 귀에다 모으고 소리를 가둬 보았다. 수도원의 오래된 정원을 보며 묵직하게 울리는 종소리를 듣자니 옴베르코 에코의 『장미의 이름』이 떠올랐다.

소설 쓰기를 배우겠다고 대학원에 갔을 때였다. 소설을 쓰기 위한 준비도, 재능도 없었기에 과제로 주어진 이 책을 이해하는 것이 쉽지 않았다. 그래서 기억에 오래 남아 있는 책이다. 베네딕트 교단의 한 수도원을 배경으로 한 추리소설 형태인데, 형태만 추리소설일 뿐이지 지적 보고이며 현대적 고전으로 일컫는다고 한다. 줄거리를 간단히 소개해 본다.

프란체스코 교단 수도사인 바스커빌의 윌리엄이 그의 제자 아드소를 이끌고 이탈리아 북부의 한 베네딕트 교단의 수도원을 방문한다. 윌리엄은 날카로운 관찰력과 직관을 가진 명민한 수도사이며 당대의 유명한 철학자 로저 베이컨의 제자이다. 윌리엄은 당시 팽팽하게 대립하고 있던 황제 측과 교황 측의 회담을 중재하기 위해 회담 장소인 이 수도원에 파견된다. 그러나 수도원에 도착한 윌리엄은 수도원장의 부탁으로 채식장인彩飾匠人아델모 수도사의 죽음에 대한 수사를 의뢰받는다. 수사를 진행하는 동안에도 그리스어 번역가인 베난티오를 비롯해서 수도사의 죽음은 계속된다. 윌리엄은 죽은 베렝가리오의 사체를 통해 손가락 끝과 혀가 검게 변한 것을 보고 독극물에 의한 살해임을 짐작한다.

수도원에는 40년 동안 주인 행세를 해온 호르헤 수도사가 있다. 그는 그의 장서관 '아프리카의 끝'이라는 밀실 안에 서책 아리스토텔레스의 『시학』 제2권(희극)을 보관한다. 『시학』 제2권에 독극물을 묻혀, 그 책을 읽은 사람을 독극물 중독으로 죽게 만든 사람은 호르헤 수도사다. 책장을 넘기기 위해 손가락 끝으로 혀에 침을 바르면 책장에 묻어있는 독극물이 퍼져 죽게 된 것이다. 윌리엄 수도사와 아드소는 힘겹게 미로를 지나 밀실에서 아르헤 수도사와 맞닥뜨린다.

"희극을 버리고 웃음을 찬양한 책은 얼마든지 있소. 왜 하필이면 이 서책이 유포되는 것을 두려워하게 되었던가요?"

호르헤 수도사는 말한다.

"그것은 아리스토텔레스에 의한 것이었기 때문이오. 아리스토텔레스의 서책은 하나같이 기독교가 수세기에 걸쳐 축척했던 지식의 일부를 먹어 들어갔소. 우리의 초대 교부들은 일찍이 말씀의 권능을 깨치는데 필요한 가르침을 모자람 없이 베푸셨소. 한데 보에티우스라는 자가 이 철학자의 서책을 극찬함으로써 하느님 말씀의 신성은 인간의 희문(戱文)으로 변질되면서 삼단 논법의 희롱을 받아 왔소. 『창세기』가 우주 창조의 역사를 모자람 없이 설명하고 있는데도 불구하고 아리스토텔레스는 『자연학』에서 이 우주를 무디고 끈적끈적한 질료로 재구(再構)하였고 아랍인 아베로에스는 세계는 절대로 멸망하지 않는다고 망발했소. 그 말에 거의 다 넘어간 형편이오. 우리는 하느님의 은혜로 익히 알고 있는데도 불구하고 우리 수도원 원장이 장사까지 지내준 한 도미니

크회수도사는 아리스토텔레스의 꾐에 빠져 하느님을 자연의 이치라는 허울 좋은 이름으로 불렀소. 아레오파기타가 은혜로운 섭리의 아름다운 폭포로 그려 내었던 우주가 이때부터는 추상적 기능을 대변하는 지상적인 것의 소굴로 화했어요. 예전 같으면 하늘을 올려다보면서 이 땅의 변질을 내려다보면서 눈살을 찌푸렸을 터인데 오늘날에는 땅이 있음으로 해서 하늘을 믿으려 하오. 오늘날에 와서는 성자인 선지자들까지도 신봉하기를 마다하지 않는 아리스토텔레스의 일자일언(一者一言)이 바야흐로 세상의 형상을 바꾸어 놓기에 이르렀어요. 하나 아리스토텔레스는 하느님의 형상은 바꾸지 못했다오. 아직은, 하나 이 서책이 공공연한 해석의 대상이 되는 날 우리는 하느님께서 그어 놓으신 마지막 경계를 기어이 넘게 되고 말 것이오."

두 사람의 조용하면서도 팽팽한 공방 끝에 호르헤 수도사는 독극물이 묻은 서책을 찢어 입 안에 쑤셔 넣는다. 그것을 막으려는 윌리엄과 아드소와의 몸싸움으로 공중으로 던져진 등잔불은 장서관을 시작으로 수도원 전부를 불바다로 만든다. 윌리엄 수도사는 제자 아드소에 이른다.

"진리를 위해 죽을 수 있는 자를 경계하여라. 진리를 위해 죽을 수 있는 자는 대체로 많은 사람을 저와 함께 죽게 하거나 때로는 저보다 먼저, 때로는 저 대신 죽게 하는 법이다."

다른 사람들이 수도원 관람을 위해 다 떠난 줄도 모르고 그 자리에 서 있다가 서둘러 그들을 쫓아갔다.

복도 벽에 그려진 성화에 대한 설명을 들으며 돌고 있었다. 열기가 사라진 해를 받으며 벽화에서 나온 듯한 노쇠한 신부님이 아주 천천히 걸어오고 있었다. 무심한 듯 온화한 미소는 구부러진 허리로도 가려지지 않았다. 유서 깊은 수도원의 일부가 걸어오는 것 같았다. 나도 모르게 그에게 다가가서 인사를 건넸다. 그는 뜻하지 않는 인사에 놀란 듯 고개를 들었고 환한 미소로 답해 주었다. 아마도 복도를 산책하고 있었던 것 같았다. 타원형의 복도를 따라 돌다 보니 그를 다시 만나게 되었다. 이번에는 내가 그를 보기 전에 그가 먼저 나를 찾았다. 다가갔더니 손을 꼭 잡아 주었다. 따뜻한 온기가 발끝까지 전해졌다.

아름다운 그레고리안 성가를 들을 생각에 가슴이 두근거렸다. 육중한 문을 열고 성당 안으로 들어갔다. 어두운 성당 내부에 은빛으로 빛나는 파이프 오르간은, 빛이 들어오는 원형으로 된 높은 창문 아래 위치해 있었다. 자리에 앉아 이리저리 눈길을 주던 중 저만치 앞에 앉아 있는 낯익은 모습이 보였다. 캐나다인 부부였다. 도중에 만나기를 원했으나 만나지 못한 분들이었다. 그분들도 나를 보자 반가움을 감추지 않았다. 단 하루도 고단하지 않는 날이 없었던 카미노에서 이분들의 아름다운 순례는 생각만으로도 따뜻한 힘이 되었

수도원 벽화

다. 우리는 전화번호를 주고받았고 또 만날 수 있기를 희망했다. 나는 그들 옆에 앉아서 파이프오르간과 천상의 소리 그레고리안 성가가 울려 퍼지는 사모스 수도원의 한가운데 있었다. 사모스 수도원에서 특별한 오후를 보내고 우리는 다시 택시를 타고 사리아로 돌아왔다.

다음 날, 배낭을 꾸려 밖으로 나오니 골목이 온통 꽃으로 장식이 되어 있었다. 어젯밤 10시까지만 해도 아무것도 없었는데 하룻밤 사이에 이런 길이 만들어지다니 놀라운 일 이었다. 성당을 기점으로 2백여 m의 골목 바닥을 꽃까펫을 만들어 놓았다. 한 번도 본 적이 없는 아름다운 꽃길이었다.

카미노는 틀이 정해진 길이 아니다. 사람마다 다른 경험과 감동을 받는 살아있는 길이다. 또한, 카미노에서 포기란 또 다른 기회가 된다. 때문에 축제를 보고 싶은 마음을 접고 꽉 찬 마음으로 사리아를 떠났다.

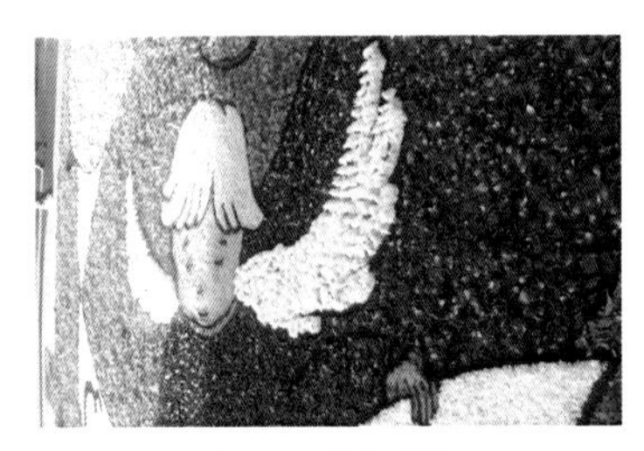

꽃으로 만든 카펫

그리스도의 성체 성혈 대축일을 기념하는 꽃길

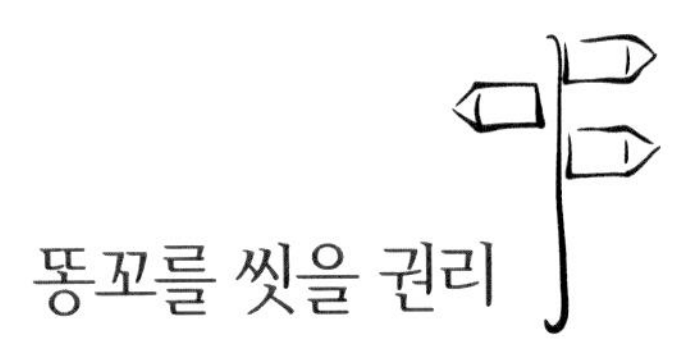

똥꼬를 씻을 권리

포르토마린Portomarín 벨레사르 저수지Embalse de Belesar를 지나 약 26㎞ 지점에 있는 팔라스 데 레이Palas de Rei에 있는 정부 호스텔에 여장을 풀 때였다. 빈대가 출몰하는 곳으로 알려져 있다는 기연 씨의 말에, 연희는 우리를 호스텔 입구에서 기다리게 하고는 다른 알베르게에 남은 침대를 확인하러 갔다. 예상대로 그곳에는 남은 침대가 없었다. 알베르게가 많지 않은 이곳에서 더 이상 선택의 여지는 없었다. 안으로 들어가니 최근에 수리를 한 것인지는 모르지만 깨끗했다. 안도하는 마음으로 창가 옆 침대를 잡아 배낭을 풀었다. 고도가 높아서 창밖으로 펼쳐지는 전망이 시원했다. 길 건너 조그마한 광장도 한눈에 들어왔다. 창과 트인 전망을 좋아하는 나로서는 다른 시설에 상관없이 마음에 드는 숙소였다. 그런데 샤워를 하려고 주섬주섬 용품을 챙기는 내 모습을 보고 있던 연희가 말했다.

"샤워장에 문이 없어요."

"샤워장 문 없는 거 처음도 아닌데 뭐."

"남·여 구분이 없는 오픈 샤워장인데…."라며 연희가 말끝을 흐린다.

어이쿠, 이럴 수가! 문이 없는 혼성 샤워장이었다. 그러자 장난기가 발동했다.

"몸매만 받쳐주면 죄다 벗고 샤워해 버리는 건데. 덕분에 외국 남자 몸 구경도 좀 하고 말이야. 아깝다! 연희야, 넌 몸매가 되니까 시원하게 샤워 한 번 해라."

내 말을 연희가 받았다.

"구경할 게 있어야지요. 배불뚝이 할아버지밖에 없는데."

우리는 그 말을 인정하며 맞장구치며 웃었다. 문득, 아스토르가 알베르게 샤워장이 생각났다. 아무래도 알베르게 내 샤워장은 많은 사람들이 이용하다 보니 이런저런 에피소드가 많을 수밖에 없는 장소다. 그 중에서도 '샤워'라는 말만 들어도 제일 먼저 떠오르는 곳이 있었다.

혼성은 아닌데 문이 없었던 것은 이곳과 마찬가지였다. 문제는 그곳 샤워기 누름 버튼과 약해 빠진 물줄기였다. 그 누름 버튼은 잘 눌러지지도 않는데다 손을 떼는 동시에 물이 끊겼다. 뿐만이 아니었다. 서너 줄기 떨어지는 물줄기 방향이 벽을 향하고 있었다. 한쪽 손으로 버튼을 누른 상태에서 몸을 최대한 벽 쪽으로 밀어 넣고서야 떨어지는 물줄기가 머리 위로 떨어졌다. 그 상황이 하도 기가 막혀서 웃음이 다 나왔다.

우여곡절 끝에 씻기는 했다. 딱 한 곳, 똥꼬를 씻을 수가 없었다. 신체 구조상 팔을 360도 뒤로 돌려서 버튼을 누를 수는 없는 일이다. 버튼은 또 얼마나 빽빽한지 웬만한 힘으로는 눌러지지도 않았다. 몸 하나 씻고 나오는데 하루 종일 걷는 것보다 더 힘들다는 생각까지 들 정도였다. 샤워를 끝내고 나와서 다른 사람에게 물어봤다. 옆 칸에서 막 씻고 나온 사람 왈, 등으로 버튼을 누르고 씻었단다. 나도 시도해 봤지만 등이 아파서 불가능했는데 사이보그가 아니고서야 그게 어떻게 가능했는지 모르겠다. 그 날 이후로 샤워시설만 보면 한참 동안이나 그 생각이 먼저 났다.

포르토마린 벨레사르 저수지

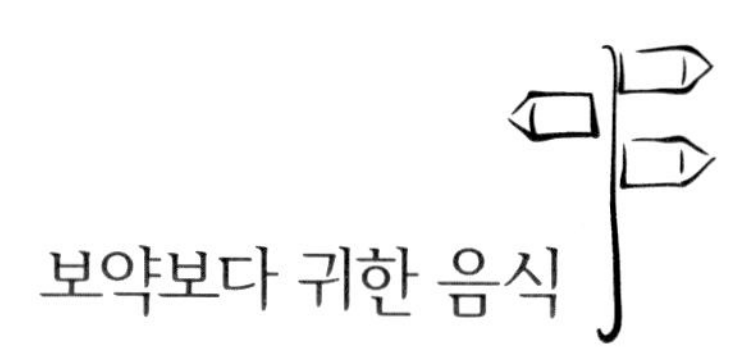

보약보다 귀한 음식

어제 아르카 포르타 데 산티아고 알베르게에서 연희가 끓여준 닭죽을 먹고 마지막 체력까지 바닥났던 몸을 다시 추슬렀다. 연희의 닭죽은 진덕이가 펼쳤던 닭죽 예찬론을 통해 이미 들은 바 있던 음식이었다. 그 닭죽이란 것이 슈퍼에서 파는 냉동 포장육 닭다리 한 개로 끓이는 것이었다. 나는 비린 음식보다 담백한 것을 좋아하는 편이라 삼계탕도 닭죽도 잘 먹지 않는다. 그래서 연희가 더운 날씨에 불 앞에서 애쓰고 있었지만 미안하게도 기대가 되지는 않았다. 그런데 결과는 정말 반전이었다. 꽝꽝 얼었던 닭다리 한 개가 그렇게 담백하고 깊은 맛을 내는 음식이 될 줄 누가 알았겠는가. 정말 맛있었다.

점심을 먹고 기연 씨가 설거지를 하는 동안 나는 입었던 옷을 수

돗가에서 대충 빨고 있었다. 언제 왔는지 기연 씨가 오더니 내 빨래를 뺏으려고 하는 것이었다. 무슨 일인가 했더니 내 빨래를 대신 해주려고 그러는 거였다. 그녀가 말했다.

"내 건 아까 다 빨았으니 도와줄게요."

기연 씨와 연희에게는 사람의 향기가 났다.

다음 날, 우리는 산티아고를 불과 5㎞ 앞둔 몬테 도 고소에서 더 이상의 걷기를 멈추었다. 길을 떠나온 지 한 달이 지나고 있었다.

별이 빛나는 곳

겁도 없이 800㎞ 도전에 나선 날이 5월 2일이었다. 피레네의 국경을 넘어 론세스바예스에 도착했을 때, 앞으로 걸어가야 할 이정표 앞에서 한없이 초라해졌던 기억이 선명하다. 그런데 이제는 목적지까지 10㎞도 남지 않았다. 이렇게 빨리 끝날 길이었던가 싶어 아쉬움만 가득했다. 삶도 끝날 즈음에는 카미노처럼 아쉽고 짧게 느껴지겠지.

사람들은 농담 삼아 말한다. 한 번뿐인 인생 '가늘고 길게', 혹은 '굵고 짧게' 살고 싶다고. 사람의 목숨이 뜻대로 되지 않으니 그렇게라도 치기를 부리는 것일 수도 있다. 그러나 사람의 생명이 어찌할 수 있는 것이 아니고 어찌해서도 안 된다는 것도 우리 모두가 알고 있는 사실이다. 확실한 것은 오늘 내게 주어진 시간이다. 이 시간을 어떻게 보내고 무엇을 할 것인가는 순전히 개인의 몫이다. 확실하게 주어진 내 몫의 시간을 소중하게 쓰는 것이야말로 삶에 대한 예의를 다하는 것이다.

연희는 산티아고 콤포스텔라에서 진덕이와 혜진이를 만나기 위해 가고, 기연 씨와 나는 고심 끝에 산티아고가 바라다보이는 고소 산 Monte del Gozo에 위치한 산 마르코스 San Marcos 정부 호스텔에서 하룻밤 묵기로 했다. 산티아고를 향해 시작된 대장정이 마무리되기 하루 전날을 산티아고를 바라다보며 아직 남은 걸음을 아끼고 싶었다. 기연 씨와 나는 호스텔 문이 열리기를 기다리는 동안 광장에 있는 카페로 들어갔다. 소용돌이치는 마음을 달래기 위해 와인을 두 잔이나 마셨다.

그 때문일까. 아니면 다 왔다는 안도감 때문일까. 계단을 오르다가 미끄러져 다리를 다치고 말았다. 카미노 후 처음 있는 일이었다. 수술을 했던 경험 때문에 여행자 보험을 들 수 없었던 나는 안전한 카미노를 위해 조심하던 터였다. 뼈는 다치지 않았지만 제법 상처가 깊었다. 옆에 있던 기연 씨가 놀라서 너무 걱정하는 바람에 아픈 내색을 할 수가 없었다. 이즈음 몸은 체력으로 버티는 것이 아니었다. 오랫동안 걸어서 형성된 습관이었다. 습관이 마음을 이길 수는 없었다. 그날 저녁 기연 씨는 감기 몸살을 앓았다.

이튿날, 산티아고 데 콤포스텔라를 향한 마지막 발걸음을 내디뎠다. 누구에게나 열려 있지만 아무나 걷지 않는 '산티아고 가는 길'의 정점을 향한 길이었다. 두려움과 힘들었던 순간들은 남아 있지 않았다. 무념의 상태로 마지막 남은 길을 걸었다.

산티아고 데 콤포스텔라

이곳으로 떠나오기 전에 가장 중요하게 생각한 것이 있었다. '감정이 흐르는 대로 마음을 맡기는 순례'를 하리라 생각 했었다. 그러고 보면 나는 원래의 뜻에 가장 부합한 순례를 한 것이다. 멀지 않는 곳에 산티아고 대성당의 종탑이 보였다. 성당으로 들어가는 오래된 골목에는 순례자의 벅찬 기운이 가득했다. 몬테 델 고소에서 출발하여 다른 순례자들보다 일찍 도착한 탓인지 광장 안은 한산했다. 어둑한 모습으로 높이 서 있는 이끼 낀 대성당의 모습을 바라보았다.

지금까지 카미노를 걸어오며 많은 성당과 건축물을 보면서 감탄과 부러움 또는 안타까움을 가졌던 것과 다르게 산티아고 대 성당을 바라보는 느낌은 '무無'였다. 그 많던 생각들이 다 어디로 갔는지 정말 아무 생각이 나지 않았다. '산티아고 가는 길'의 최종 목적지 산티아고 데 콤포스텔라에 도착한 감격적인 순간에 넋을 잃고 서 있을 수밖에 없었다.

나를 부르는 소리에 고개를 돌려보니 기연 씨가 인증사진을 찍자고 웃고 있었다. 대성당의 모습은, 부족한 내 글로써 다 표현해 낼 수 없는 나의 카미노처럼, 한 장의 사진 안에 다 들어오지 않았다.

우리는 산티아고에서 머물지 않았다. 곧장 이베리아의 0km 지점(많은 사람들이 유럽의 땅 끝이라고 생각하는, 그러나 실제적인 유럽의 서쪽 땅 끝은 포르투갈에 있다.) 피니스테레로 갈 계획을 갖고 있었다. 12시 순례자 미사에 참여하는 것도, 순례자 증서를 받는 일도 피니스테레를 다녀온 내일로 미루었다.

12시 순례자 미사를 보기 위해 피니스테레에서 첫 버스를 타고 산

피니스테레 순례자 동상

0.00 K.M.

0km, 돌 십자가 아래 나와 또 누군가
내려놓은 마음들

티아고로 돌아왔다. 시간이 가까워지자 어제의 한적함은 사라지고 금세 사람들로 가득 찼다. 그들 모두는 각기 다른 얼굴, 다른 국적을 가지고 있었지만 얼굴에는 한결같은 표정이 있었다. '행복'과 '만족'이었다. 숨기고 싶어도 숨겨지지 않는 것이었다.

그 광경을 지켜보며 서 있다가 카미노 친구들과 반가운 재회를 했다. 사아군에서 레온까지 함께 했던 로이, 잊을 만하면 나타나서 서로의 아픈 곳을 물으며 따뜻한 마음을 나누었던 스페인 친구, 성격 좋은 캐시, 그리고 캐나다인 부부를 비롯해서 길에서 안면을 익힌 여러 한국인들과 조우했다. 산티아고에서 만나자는 약속을 했던 빈첸조와는 만나지 못했다.

성당 안은 순례자로 가득했다. 기연 씨가 순례자 미사의 대미를 장식할 대형 향로가 움직이는 방향에 앉아야 된다고 나를 끌었다. 제단 앞 천정에 웅장하게 매달려 있는 향로는 그 크기만으로도 사람들을 압도하기 충분했다. 미사가 시작되었고 유명한 산티아고 성당의 대형 향로는 도르래의 힘으로 제단 좌우를 힘 있게 날아다녔다. 향로가 움직이기 시작하자 많은 사람들이 한꺼번에 탄성을 질렀다. 향로가 쏟아내는 자욱한 연기는 빼곡한 순례자들 사이에 가라앉았다. 그 아득함 속에서 성가와 파이프오르간의 장엄한 소리가 성당 안을 휘감았다. 스스로의 한계를 시험하면서 걸어온 행복한 가슴과 카미노를 끝으로 새로운 시작을 앞둔 맑은 눈동자들이 별처럼 반짝였다.

산티아고 데 콤포스텔라의 순례는 끝이 났다. 이제부터는 인생의 순례가 시작될 차례다.